职业院校精品规划教材

小家电故障检修项目教程

孙立群　主　编
周小武　杨清德　副主编

U0216739

電子工業出版社.

Publishing House of Electronics Industry

北京 · BEIJING

内 容 简 介

本书按照"项目教学、任务驱动"的形式，循序渐进、由浅入深地介绍了小家电的构成、工作原理、典型故障的检修方法、检修流程和维修技巧。

本书最大的特点的是：采用实物图+电路图+示意图方式进行图解，紧扣要点，易读实用；在介绍原理和电路时从整体和宏观的角度着眼，对典型小家电、应用量大的小家电进行重点分析，使学生能够举一反三，快速掌握；在小家电故障维修方面则从细微和精确入手，有意识地培养学生检修思路和排除故障的技能，使学生可以快速入门，逐渐精通，成为小家电维修的行家。

未经许可，不得以任何方式复制或抄袭本书之部分或全部内容。
版权所有，侵权必究。

图书在版编目（CIP）数据

小家电故障检修项目教程 / 孙立群主编. —北京：电子工业出版社，2016.4

ISBN 978-7-121-28164-8

Ⅰ. ①小… Ⅱ. ①孙… Ⅲ. ①日用电气器具—检修—中等专业学校—教材 Ⅳ. ①TM925.07

中国版本图书馆 CIP 数据核字（2016）第 029042 号

策划编辑：白　楠
责任编辑：郝黎明
印　　刷：三河市华成印务有限公司
装　　订：三河市华成印务有限公司
出版发行：电子工业出版社
　　　　　北京市海淀区万寿路 173 信箱　邮编　100036
开　　本：787×1 092　1/16　印张：13.5　字数：345.6 千字
版　　次：2016 年 4 月第 1 版
印　　次：2016 年 4 月第 1 次印刷
定　　价：30.00 元

P 前 言
PREFACE

本书作为面向 21 世纪的职业教育规划教材，为了更好地贯彻职业教育"以就业为导向、以能力为本位、以学生为主体"的教学理念，按照教育部最新颁布的职业院校电子电器应用与维修、电子技术应用专业的要求编写，其中参考了有关行业的技能鉴定规范及中、高级技术工人等级考核标准，突出了本书的特点。

1．着重突出"以能力为本位"的职教特色

因为本书的教学目标主要是培养中、高级小家电维修工，所以本书介绍的原理都是维修用得上的理论，而不介绍那些生僻的理论术语和复杂的量值计算，将教材的重点放在培养学生学习真本领上。在每一个项目的教学中，注意把知识的传授和能力培养结合起来，既做到理论指导实践，又突出学以致用的原则。

2．突出"易学"的特点

本书根据职业院校学生的文化水平、接受能力，在理论知识讲解和故障分析时，不仅做到深入浅出、图文并茂，而且采用"实物图+电路图+示意图+表格"的方式对小家电的工作原理和故障维修技能进行精解，便于学生掌握。

3．突出"实用"的特点

掌握维修多种小家电故障技能是我们的教学目的，所以教程内容除了通过现场采集的照片，图文并茂地介绍元器件检测等基本技能，还介绍典型小家电的工作原理，并且突出介绍典型小家电常见故障检修方法。

4．突出知识"新颖"的特点

由于小家电技术是发展最快的电子技术之一，许多新工艺、新技术、新器件迅速应用到小家电的生产中，这也就要求我们的教学内容紧跟时代潮流，否则学生学到的就是陈旧、淘汰的知识，因此，我们除了介绍简易控制型小家电的故障检修技能，还介绍电脑控制型小家电故障检修技能，以便学生可以成为一名技能全面的小家电维修技师。

本书由孙立群主编，参加本书编写的还有周小武、杨清德、邹存宝、毕大伟、李杰、赵宗军、陈鸿、刘众、傅靖博、李佳琦、张燕、张国富、孙昊、付玲等同志，在此表示衷心的感谢。

编　者

C目 录
CONTENTS

VII

小家电故障检修的基础知识

随着科学技术的发展，种类繁多的小型家用电器（简称小家电）快速进入千家万户。这些小家电极大地丰富和方便了人们的生活，但是，部分小家电工作环境恶劣且使用频率高，极易发生故障。因此，掌握小家电维修技术是家电维修领域内一项新技术。

任务 1　小家电的定义、分类、特性

知识 1　小家电的定义

小家电是指除彩电、电冰箱、空调、洗衣机之外体积较小的家电产品，应用于家居生活的各个领域。根据国家统计局制定的《国民经济行业分类与代码》，把小家电归入家用电力器具制造（国家统计局代码 385）。行业包括 4 个子行业，分别是家用通风器具制造（C3853），家用厨房器具制造（C3854），家用美容、保健电器制造（C3856），其他家用电力器具制造（C3859）。

知识 2　小家电的分类

小家电可以按功能分类，也可以按工作方式分类，还可以按控制方式分类。

1．按功能分类

小家电按功能可以分为以下多种。

（1）厨房小家电。厨房小家电主要包括电饭锅、电压力锅、电炖锅、电磁炉、抽油烟机、电炒锅、燃气灶等。

（2）厨房辅助小家电。厨房辅助小家电主要包括电烤箱、消毒柜/机、电饼铛/煎烤机、搅拌机、豆浆机、洗碗机、面包机、料理机、微波炉、刨冰机、打蛋器、绞肉机、筷子消毒机等。

（3）家居小家电。家居小家电主要包括电水壶、电热水瓶、照明灯、饮水机、电热水器/电淋浴器、电风扇、吸尘器、电熨斗、电热毯、电泡茶壶、毛球修剪器、电子定时器、电子温度计等。

（4）家居辅助小家电。家居辅助小家电主要包括酸奶机、取暖器、咖啡机、榨汁机/果汁机、蒸蛋器、爆米花机等。

（5）净化小家电。净化小家电包括空气净化器、净水机、吸尘器/扫地机、氧气机/氧吧、

加湿器、除湿机/除湿器、温度调节器、加香机/加香器、电子垃圾桶等。

（6）个人生活小家电。个人生活小家电主要包括剃须刀、电吹风、护眼灯、足浴盆、电动按摩器/按摩棒、电动牙刷、洁耳器、辫子机、理发器、减脂机等。

（7）美容小家电。美容小家电主要包括除毛器、修眉器/睫毛器、美容器、卷发器/直发器、毛孔清洁器、美甲器等。

2. 按工作方式分类

小家电按工作方式可以分为以下多种。

（1）电热类小家电。电热类小家电主要有电饭锅、电压力锅、电水壶、电炖锅、饮水机、煎烤机、电淋浴器、电熨斗、取暖器等采用加热器的小家电。

（2）电动类小家电。电动类小家电主要有电风扇、吸油烟机、搅拌机、粉碎机、按摩棒、吸尘器、剃须刀、果汁机等采用电动机的小家电。

（3）电热、电动类小家电。电热、电动类小家电不仅采用了加热器，还采用了电动机。常见的电热、电动小家电主要有电烤箱、小暖阳取暖器、暖风机、电热水瓶、咖啡机、洗碗机、豆浆机/米糊机、电吹风等。

（4）微波、电磁类小家电。微波类小家电主要是指微波炉，电磁类小家电主要是指电磁炉。目前，部分新型电饭锅也采用电磁加热方式。

（5）照明类小家电。照明类小家电主要包括节能灯、荧光灯、声控灯、台灯、护眼灯、应急灯、手电筒等。

3. 按控制方式分类

小家电按控制方式可以分为普通小家电和电脑控制型小家电两种。普通小家电多采用功能开关、定时器来控制电路的工作状态，而电脑控制型小家电采用了单片机来控制电路的工作状态。

知识3　小家电的主要特性

小家电的主要特性如下。

1. 实用性

实用性是指小家电可以帮助人们减轻劳动强度、缩短劳动时间、提高生活质量的性能。

2. 安全性

安全性是指在使用小家电时免遭危害的程度，包括防止触电、防止过热、防止有害气体等危险的性能。

3. 可靠性

可靠性是指小家电平均无故障的时间长，经久耐用，并且维修方便的性能。

另外，小家电的主要性能还应包括外形小巧美观、价格低等指标。

任务 2 检修工具和仪表、仪器

知识 1 通用工具

小家电维修所需的通用工具如表 1-1 所示。在条件许可的情况下，可备一套组合工具，如图 1-1 所示。

表 1-1 小家电维修所需的通用工具

工具名称	数量	工具名称	数量
组合螺丝刀	1 套	镊子	1 套
钟表螺丝刀	1 套	毛刷	1 把
偏嘴钳（斜嘴钳）	1 把	活络扳手	2 把
尖嘴钳	1 把	AB 胶	1 盒
克丝钳	1 把	绝缘胶布	1 卷
剥线钳	1 把	壁纸刀	1 把
试电笔	1 把	酒精	1 瓶
普通锉、什锦锉	各 1 套	天那水	1 瓶

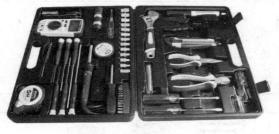

图 1-1 常见的组合工具

知识 2 特殊工具

检修小家电除了需要使用螺丝刀、钳子等通用工具外，还需要电烙铁、吸锡器、热风枪等特殊工具，如表 1-2 所示。

表 1-2 小家电维修用特殊工具

工具名称	典型实物图			用途
电烙铁	（a）内热式	（b）外热式	（c）变压器式	用于电子元器件、导线焊接，功率有 10～300W 多种。可以根据用途选择功率合适的电烙铁
焊锡		焊锡是用于焊接电子元件、导线的材料。目前的焊锡丝都已经内置了松香，所以焊接时不必再使用松香		

续表

工具名称	典型实物图	用途
吸锡器		吸锡器是专门用来吸取电路板上元器件引脚焊锡的工具
热风枪		用于拆卸贴片（扁平焊接方式）元件
稳压电源		输出电压为 0～50V
隔离变压器		用于维修采用"热"接地方式的设备或电路

知识 3　仪表、仪器

检修小家电时还需要万用表、钳形表、示波器等仪表、仪器，如表 1-3 所示。

表 1-3　修理小家电常用的仪表、仪器

工具名称	典型实物图	用途
万用表	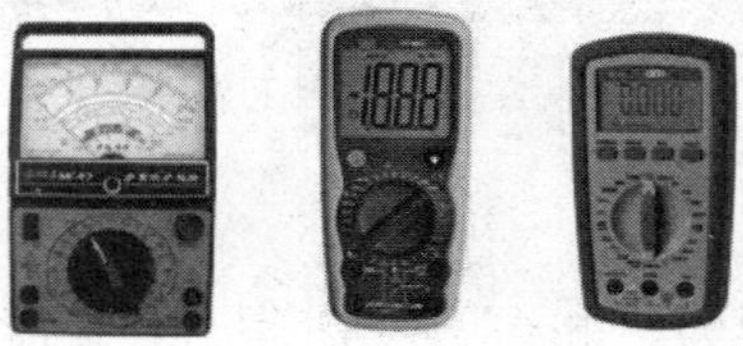	万用表可通过测量相关的电阻、电压、电流值，判断电路是否正常。常见的万用表有指针万用表和数字万用表两种
钳形表		主要用于测量小家电整机或电动机等元器件工作电流的仪表
示波器	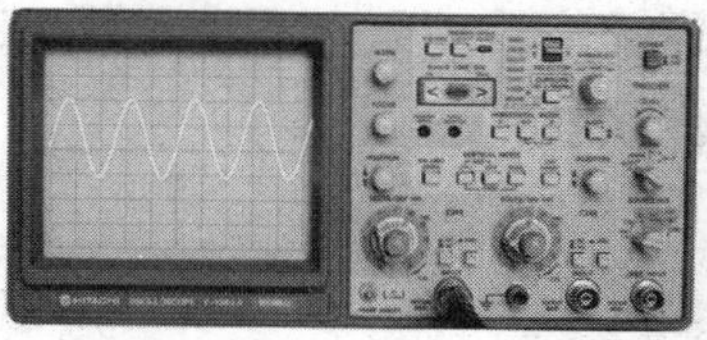 （a）台式 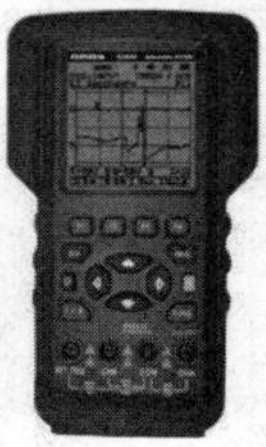　　　　（b）手持式	主要检测电脑控制型小家电的时钟振荡、复位信号、通信等信号波形

任务 3　小家电故障检修常用的方法和注意事项

本任务介绍小家电故障检修常用的方法和注意事项，合理、熟练掌握这些检修方法，是快速、安全排除小家电故障的基础。

技能 1　询问检查法

询问检查法是检修家用电器最基本的方法。实际上，该方法也最容易被初学者和初级维修人员忽略，他们接到故障机后不向用户进行耐心地询问，就开始大刀阔斧地进行拆卸，而有时不仅不能快速排除故障，还可能扩大故障，所以在维修前仔细询问用户，故障机的故障特征、故障形成原因是很重要的，对于许多故障的排除可事半功倍。例如，在检修遥控器故障时，若询问用户得知该遥控器被摔过，则主要检查电路板有无元件引脚脱焊，若没有脱焊，则检查晶振。再如，在检修豆浆机打浆异常故障时，若用户讲可以听到电动机转动的声音，则说明故障是由于刀片异常或打浆时间不够所致；若没有听到电动机转动的声音，说明电动机或电动机供电电路异常所致。

技能 2　直观检查法

直观检查法是检修小家电器的最基本方法，维修中可通过该方法对故障部位进行初步判断。该检修方法通过一听、二看、三摸、四闻的途径来判断故障部位。

1．听

听就是通过耳朵听来发现故障部位和故障原因的检修方法。例如，在检修空气清新机、微波炉、电磁炉、消毒柜等小家电时，若听到"啪啪"的放电声，应检查它的高压器件是否对地放电。再如，检查电风扇、吸油烟机时，若机械噪声过大，应检查电动机是否旋转不畅。又如，在检修豆浆机不打浆故障时，若未听到电动机的运转声，则检查电动机、运行电容及其供电电路；若有电动机运转声音，检查刀片。

2．看

看就是通过观察来发现故障部位和故障原因的检修方法。例如，检修电饭锅做饭糊锅故障时，首先要查看故障是否因内锅、加热盘变形所致，如图 1-2 所示；再如，检修电水壶漏水故障时，首先查看加热管的法兰盘座是否漏水；又如，检修吸油烟机排烟能力差故障时，通过查看排烟管是否破裂、排烟风扇旋转是否正常，判断它们是否正常。另外，检修小家电电脑板电路时，查看电容、晶体管、集成电路是否炸裂来判断它们是否正常等。而对于大部分接触不良故障，通过查看连线和元件的引脚是否接触不良、电路板是否断裂就可找到故障部位。

（a）查看内锅　　　　　　　（b）查看加热盘

图 1-2　查看内锅、加热盘判断故障原因

3. 摸

摸就是通过用手摸被怀疑的元器件是否松动或温度异常，来发现故障部位和故障原因的检修方法。例如，在检修时电饭锅不加热故障时，为电饭锅通电后，通过摸加热盘有无温度来判断它工作是否正常，若有温度，说明它能工作，若没有温度，说明没有工作，如图 1-3 所示；若过热，说明供电电路等异常。再如，检修豆浆机打浆差故障时，可通过晃动刀片是否松动，来判断故障是否由它工作异常所致，如图 1-4 所示；又如，在检修电路板电路故障时，可通过摸某个元件、连接器是否牢固来判断它的引脚是否脱焊或接触不良。

图 1-3　摸电饭锅加热盘判断故障原因　　　图 1-4　晃动豆浆机刀片判断故障原因

【注意】许多小家电的接地线接在市电供电线路上，此类接地方式属于"热"接地方式，所以采用该方法时要注意安全，不要发生触电事故，并且在摸加热器等元器件时不能发生烫伤事故。

4. 闻

闻就是通过鼻子闻被检修小家电整机或元器件来发现故障部位和故障原因的检修方法，如在检修电风扇的电动机不转故障，若闻到有异常的气味，说明电动机或它运行电容损坏。再如，检修紫外线型消毒小家电时，若不能闻到紫外线消毒时发出的气味，则说明消毒电路未工作。同样，在检修臭氧型消毒柜时，不能闻到它发出的臭氧气味时，说明该消毒柜未工作。

技能 3　电压测量法

电压测量法是最常用的检修方法之一，就是通过测怀疑点的交流电压或直流电压是否正常，来判断故障部位和故障原因的方法。

1. 交流电压的测量

在检修小家电整机不工作故障时，可采用交流 750V 电压挡检测市电插座有无 220V 市电电压来判断故障部位，若有 220V 左右的电压（图 1-5），则说明小家电或其电源线发生故障，需要维修更换；若没有电压，则说明插座或其供电线路异常，维修或更换即可。

图 1-5　市电电压的检测

目前，许多小家电采用了变压器降压式电源电路。判断电源变压器异常时，也可以采用交流电压检测的方法。为小家电输入 220V 市电电压后，用万用表交流 20V 电压挡测 12V 电源变压器次级绕组输出的交流电压值为 12.77V，如图 1-6（a）所示，说明变压器及其负载正常；若无电压输出，用 750V 交流电压挡测该电源变压器的初级绕组有无 220V 左右的交流电压输入，如图 1-6（b）所示，若有，则说明电源变压器或负载异常。再测量变压器绕组的阻值就可以确认。

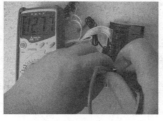 

（a）输出电压　　　　　　　　　　　（b）输入电压

图 1-6　12V 电源变压器的测量

【提示】测量交流电压时不需要区分表笔的极性。

2．直流电压的测量

怀疑小家电的电源电路异常时，可采用测量直流电压的方法判断是电源电路异常，还是负载异常。下面以 5V 电源电路为例进行介绍。

首先，测 5V 电源滤波电容两端电压（黑表笔接滤波电容的负极），若有 5V 电压 [图 1-7（a）]，说明电源电路正常；若电压较低，测 5V 电源的供电是否正常，若电压正常 [见图 1-7（b）]，说明供电正常，应检查 5V 电源及其负载即可；若 5V 电源的供电异常，则检查供电电路。

（a）输出端电压　　　　　　　　　　（b）输入端电压

图 1-7　5V 电源的测量

【提示】实际电路中，5V 电源的供电不一定都是 14.93V，所以不能测量时应根据具体电路进行分析，以免误判。不过，其供电只要满足 5V 电源的工作条件即可。另外，若稳压器空载电压正常，而接上负载后输出电压下降，说明负载过流或稳压器带载能力差，这种情况对于缺乏经验的人员最好采用代换法进行判断，以免误判。

技能 4　电阻测量法

1．作用

电阻测量法是最主要的检修方法之一。该方法就是通过测怀疑的线路、器件的阻值是否正常，来判断故障部位和故障原因的方法。

2．分类

电阻测量法有在路检测和非在路检测两种。在路检测法就是在线路上或电路板直接检测元件的阻值，而不在路检测就是单独检测该元件阻值的检测方法。若采用指针型万用表在路测量时，通常采用 R×1Ω 或 R×10Ω 挡；若采用数字万用表在路测量时，应采用 200Ω 挡（数字万用表）或 2kΩ 挡，有时也会采用 20kΩ 挡。

> 【注意】使用电阻测量法在路测量元件时，必须在断电的情况下进行，否则容易导致万用表损坏。另外，被检测的元器件不能有并联的小阻值器件，否则会导致检测的数据偏离较大。

3．测量技巧

（1）在路测量

维修电饭锅不通电故障时，按下电饭锅按键后，用数字万用表的二极管挡测量电源插头 L、N 间的导通情况时，如果数值较小（加热盘的阻值），说明电饭锅电路基本正常，如图 1-8 所示。若数值为 1，说明内部供电电路开路；若数字近于 0 且蜂鸣器鸣叫，说明电源线或电源插座内部短路或漏电。

图 1-8　电饭锅整机电阻的检测

电饭锅加热盘的导通阻值多在 120Ω 以内，正常的 800W 加热盘的阻值为 62Ω 左右，如图 1-9（a）所示；加热器烧断（开路）的加热盘的阻值为无穷大（显示 1），如图 1-9（b）所示；用 200MΩ 电阻挡测量正常加热盘供电端子对外壳的漏电阻阻值为无穷大（显示 1），如图 1-9（c）所示；若数值较小，说明加热盘漏电。

（a）导通阻值　　　　　　　　（b）开路的阻值　　　　　　　　（c）漏电阻

图 1-9　电饭锅加热盘的检测

（2）非在路测量

若在路检测阻值异常时，应将被测的元件引脚悬空或脱离电路板后，采用非在路的测量方法来确认。下面以电源变压器为例来介绍。

因为普通变压器多为降压型变压器，所以它的初级绕组的阻值较大，而它的次级绕组阻值较小。用 2kΩ 挡测它的初级绕组非在路阻值如图 1-10（a）所示，用 200Ω 挡测量次级绕组阻值如图 1-10（b）所示。若某个绕组的电阻值为无穷大，则说明此绕组有断路性故障。阻值低于正常值说明有短路性故障。

> 【提示】因变压器的绕组短路后很难通过测量阻值的方法来确认，但可以通过外观的变化来确认，绕组短路后多会变形或变色。若外观也正常，最好采用电压测量法和代换法判断。

（a）初级绕组的阻值　　　　　　　　　（b）次级绕组的阻值

图 1-10　电源变压器的初、次级绕组阻值测量

技能 5　导通压降测量法

导通压降测量法是使用数字万用表的导通压降测量挡（俗称二极管挡），通过测量二极管、三极管、晶闸管等元器件的导通压降值，判断它们是否正常的方法。

1. 在路测量

（1）二极管的在路测量

首先，将万用表置于 PN 结压降检测挡（二极管挡），再将红表笔接二极管的正极、黑表笔接二极管的负极时，所测得的正向导通压降值为 0.581[图 1-11（a）]，说明被测的整流二极管是普通整流二极管；若测得正向导通压降值为 0.486[见图 1-11（b）]，说明被测的二极管是高频整流二极管。无论是何种整流二极管，调换表笔后检测它们的反向导通压降时，都会显示溢出值 1[图 1-11（c）]，表明反向导通压降为无穷大，说明被测整流二极管正常。若正向导通压降大，说明二极管导通性能差；若反向导通压降值小且蜂鸣器鸣叫，则说明二极管漏电或击穿。

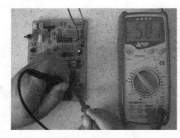
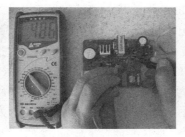

（a）普通整流管正向导通压降　　　（b）高频整流管正向导通压降　　　（c）反向导通压降的检测

图 1-11　整流二极管的在路测量

009

【提示】由于半桥整流堆和全桥整流堆是由 2 只或 4 只二极管构成的，所以可通过检测每只二极管的正、反向导通压降值就可以判断它是否正常。

（2）NPN 型三极管的在路测量

使用数字万用表在路判断 NPN 型三极管的好坏时，应使用二极管挡（PN 结压降检测挡）检测它的导通压降是否正常，测试方法如图 1-12 所示。

首先，将红表笔接三极管的 b 极，黑表笔接 e、c 极，测 be、bc 结的正向导通压降值为 0.713，如图 1-12（a）所示；调换表笔后检测时它们的反向导通压降为无穷大，如图 1-12（b）所示。最后，测 ce 结的正向导通压降为 1.374，如图 1-12（c）所示；调换表笔后检测它的反向导通压降值为无穷大，如图 1-12（d）所示。

【提示】若正向导通压降大，说明三极管导通性能差或开路；若反向导通压降小，说明三极管漏电或击穿。三极管击穿时，万用表上的蜂鸣器会发出鸣叫声。

（a）be、bc 结正向导通压降

（b）be、bc 结反向导通压降

（c）ce 结正向导通压降

（d）ce 结反向导通压降

图 1-12　NPN 型三极管的在路检测

（3）PNP 型三极管的在路测量

使用数字万用表在路判断 PNP 型三极管好坏时，可使用二极管挡通过检测它的导通压降来完成，下面以常见的 9012 为例介绍测试方法，如图 1-13 所示。

黑表笔接三极管的 b 极，红表笔分别接 c 极和 e 极，所测的正向导通压降值都应为 0.721 左右，如图 1-13（a）所示；用红表笔接 b 极，黑表笔接 c、e 极时，荧光屏显示的数字为 1，说明它们的反向导通压降值都为无穷大，如图 1-13（b）所示；c、e 极间的正向导通压降为 1.246 左右，如图 1-13（c）所示；c、e 极的反向导通压降值为无穷大，如图 1-13（d）所示。

【提示】若正向导通压降大，说明三极管导通性能差或开路；若反向导通压降小，说明三极管漏电或击穿。三极管击穿时，万用表上的蜂鸣器会发出鸣叫声。

（a）be、bc 结正向导通压降

（b）be 结反向导通压降

（c）ce 结正向导通压降

（d）ce 结反向导通压降

图 1-13　用数字万用表在路检测 PNP 型三极管

（4）晶闸管的在路测量

怀疑电路板上的晶闸管异常时，可利用万用表的二极管挡在路测量它的三个极间的导通压降进行判断，测量方法和数值如图 1-14 所示。测量时，若导通压降值过大或过小，则需要对其非在路测量，确认它是否正常。

（a）红表笔接 T1 极、黑表笔接 T2 极

（b）红表笔接 T2 极、黑表笔接 T1 极

（c）其他极间

图 1-14　双向晶闸管的在路测量

2．非在路测量

二极管、三极管的非在路测量方法与在路测量是相同的，所测的数值也基本相同，但晶闸管非在路测量和在路测量有很大的区别，不仅可以测量它们是否击穿，还可以估测它的触发性能。

（1）单向晶闸管

引脚的判别：由于单向晶闸管的 G 极与 K 极之间仅有一个 PN 结，因此这两个引脚间具有单向导通特性，而其他引脚间的阻值应为无穷大。将数字万用表置于二极管挡，任意测单向晶闸管两个引脚的导通压降值，测试中出现 0.657 的数值时，说明红表笔接的引脚为 G 极，黑表笔接的是 K 极，剩下的引脚为 A 极，如图 1-15 所示。

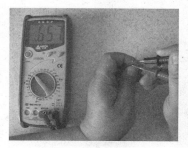
（a）G、K极间正向导通压降

（b）其他极间导通压降

图1-15　单向晶闸管引脚的判别

触发能力的判别：使用数字万用表检测单向晶闸管的触发能力时，需要将万用表置于二极管挡，检测方法如图1-16所示。

将黑表笔接K极，红表笔接A极，显示溢出值1，说明它处于截止状态，此时用红表笔瞬间短接A、G极，随后测A、K极之间的导通压降值为0.661左右，说明晶闸管被触发导通并能够维持导通状态；否则，说明该晶闸管损坏。

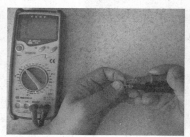
（a）触发前

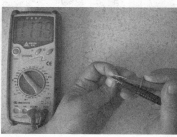
（b）触发

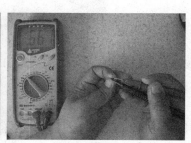
（c）触发后

图1-16　数字万用表检测单向晶闸管的触发能力

【提示】由于数字万用表的触发电流较小，因此一般情况下，数字万用表只能触发功率小的单向晶闸管导通，而很难触发功率大的晶闸管使其导通，通常功率大的晶闸管需要采用指针万用表触发。

（2）双向晶闸管

采用指针万用表对双向晶闸管的引脚进行识别或对其的好坏进行检测时，先将指针型万用表置于R×1Ω挡，任意测双向晶闸管两个引脚的阻值，当一组的阻值为30Ω左右时，说明这两个引脚的特性为G极和T1极，剩下的引脚为T2极，如图1-17（a）所示；随后，假设T1和G极中的任意一脚为T1，将黑表笔接T1，红表笔接T2极，此时的阻值为无穷大，说明晶闸管截止，如图1-17（b）所示；用表笔瞬间短接T2、G极，为G极提供触发电压，如果阻值由无穷大变为28Ω左右，说明晶闸管被触发导通并维持导通，如图1-17（c）、图1-17（d）所示。调换表笔重复上述操作，结果相同时，说明假定正确。若调换表笔操作时，阻值仅能在短时间内为几十欧姆，随后增大，则说明晶闸管不能维持导通，假定的G极实际为T1极，而假定的T1极为G极；若被测管不能触发导通，说明触发电流小或被测管异常。

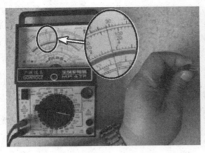
（a）T1、G 极间阻值

（b）T2、T1 间的阻值

（c）触发

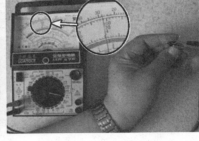
（d）导通后的 T1、T2 间的阻值

图 1-17　双向晶闸管好坏及触发能力的测量

013

技能6　通断测量法

1. 作用

在检测线路、熔断器、温控器、开关等器件是否断路时，可采用万用表通断测量挡（俗称蜂鸣挡，数字万用表的该功能多附加在"二极管"挡上）进行测量，若万用表的蜂鸣器发出鸣叫声，说明线路正常；若没有鸣叫声，说明线路已断；若鸣叫声时有时无，说明线路接触不良。

2. 测量技巧

（1）在路测量

下面以小家电内应用广泛使用的热熔断器、定时器为例介绍，采用通断测量法在路判断此类元器件好坏的技能。

热熔断器：用数字万用表通断挡在路检测热熔断器时，正常的数值较小且万用表上的蜂鸣器鸣叫，如图 1-18（a）所示；若数值为 1，说明已烧断，如图 1-18（b）所示。

（a）正常

（b）熔断

图 1-18　热熔断器的在路检测

【注意】热熔断器开路后，不能用导线短接，也不能用普通熔断器更换，以免扩大故障或引发火灾等事故。

定时器：用数字万用表的通断挡（二极管挡）检测定时器，触点接通时数值较小且蜂鸣器鸣叫，如图1-19（a）所示；触点断开时，数字万用表显示的数字为1，如图1-19（b）所示。若定时器未计时或定时结束后，万用表显示的数字始终为0，说明触点粘连；若定时器计时期间显示的数字为1，说明触点开路。

（a）触点接通　　　　　　　　　　　　（b）触点断开

图1-19　定时器的在路检测

【提示】双桶洗衣机的洗衣定时器在定时期间，触点是接通、断开交替进行的，不能误判其损坏。

（2）非在路测量

下面以电热型小家电采用的温控器非在路检测为例进行介绍。测量该温控器时，应采用通断测量挡进行，测量方法与步骤如图1-20所示。

将万用表置于通断测量挡，两个表笔接在两个接线端子上，未受热时，若显示屏显示的数值近于0，并且蜂鸣器鸣叫，说明它内部触点接通，如图1-20（a）所示；若蜂鸣器不能鸣叫，说明它已开路。

室温状态下正常后，为它加热，待温度达到标称后数值应变为1，如图1-20（b）所示，说明触点可以断开，若触点不能断开，说明触点粘连。

 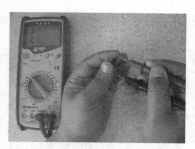

（a）触点接通　　　　　　　　　　　　（b）触点断开

图1-20　电热型小家电用温控器的检测

技能7　加热/降温法

加热/降温法就是通过改变怀疑元器件的温度来判断故障原因和故障部位的一种方法。例如，判断热敏电阻是否正常时，为57.7kΩ的负温度系统热敏电阻加热后，若阻值急剧减小为 46.4kΩ，说明它正常，否则说明它损坏，如图 1-21 所示。为 12Ω 正温度系统的热敏电阻加热后，用 2MΩ 挡测量它的阻值迅速增大，接近无穷大，说明它的热敏性能正常，如图 1-22 所示。否则，说明它的热敏性能下降，需要更换。

当为热敏电阻降温后，若阻值急剧变化，说明它正常，否则也说明它损坏。而怀疑 5V 电源的热稳定性能差时，可以用无水酒精为它降温，若输出电压恢复正常，则说明该稳压器损坏。否则，检查其他电路。

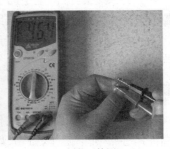

（a）室温下检测　　　　　　　（b）加热　　　　　　　（c）加热后检测

图 1-21　电磁炉功率管温度传感器的检测

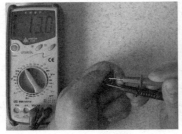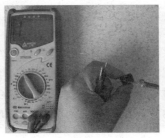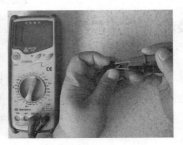

（a）室温下检测　　　　　　　（b）加热　　　　　　　（c）加热后检测

图 1-22　正温度系数热敏电阻的检测

技能 8　代换法

代换法就是用同规格正常的元件代换不易判断的元件是否正常的方法。在维修小家电电路时主要是采用代换法判断电容、稳压二极管、集成电路、变压器、电动机、电磁线盘等是否正常，对于性能差的三极管也可采用该方法进行判断。当然，维修时也可采用整体代换的方法进行故障部位的判断，例如，怀疑操作显示板异常引起电脑控制型小家电工作异常时，也可采用正常的操作显示板整体代换，若代换后能恢复正常，说明被代换的操作显示板异常。

技能 9　开路法

开路法就通过脱开某个器件或电路，来判断故障部位的一种方法。例如，在维修小家电的电源输出电压低故障时，若断开负载后，输出电压恢复正常，多为负载异常；若电压仍低，则说明电源电路内阻大，从而产生带载能力差的故障。再如，检修微波炉熔断器熔断的故障时，可通过开路法判断门监控开关是否短路。而在维修电脑控制型小家电时，也可以通过断开操作键，判断是否因它漏电引起微处理器电路不工作。

【注意】有的小家电负载异常引起电源输出电压低时，都会导致电源的功率型元件温

015

度升高，若不升高，在断开负载后电源输出电压恢复到正常或接近正常，多为电源内阻大，引起电源带载能力差。维修时要注意区别，不要误判。

技能 10 短路法

短路法就通过短接开关类器件来判断故障部位的一种方法。例如，在检修豆浆机不打浆故障时，短接电动机供电电路驱动管的 c、e 极后，若电动机能运转打浆，则说明电动机、继电器正常，故障发生在驱动电路、微处理器上；再如，检修电磁炉部分按键不受控故障时，短接该按键的两个引脚的焊点后若故障消失，则说明该按键损坏。而怀疑线路板断裂时也可以采用短路法进行判断。

技能 11 清洗法

厨房、浴室类小家电的工作环境恶劣，容易进水或受油烟污染，使操作电路板、主板因受潮而产生整机不工作、工作紊乱或部分控制功能失效等故障，因此清洗法也是检修小家电，尤其是检修吸油烟机等小家电故障的重要方法。清洗时最好采用无水酒精或天那水，清洗完毕后晾干或烘干，就可以通电试机。

技能 12 应急修理法

应急修理法就是通过取消某部分线路或某个器件进行修理的一种方法。例如，在检修电磁炉、豆浆机等家用电器，发现它们的压敏电阻短路引起熔丝管熔断故障时，若手头没有该元件，可不安装它并更换熔丝管即可排除故障；再如，维修部分饮水机、电水壶等小家电的可复位型过热保护器损坏时，而手头没有此类过热保护器时，可以采用温度值相同的一次性熔断器更换。

【点拨】因市电电压正常时压敏电阻无作用，并且我国目前的市电电压比较稳定，所以维修时可采用不安装压敏电阻的方法来排除故障。但是，对于部分应急修理后的小家电待有更换的元件后要及时更换，以免出现新故障。

技能 13 故障代码修理法

目前许多电脑控制型小家电为了便于生产和故障维修，都具有故障自诊功能，当它们出现故障后，被微处理器电路的 CPU 检测后，通过指示灯或显示屏显示故障代码，提醒故障原因及故障发生部位，所以维修人员通过故障代码就会快速找到故障部位。掌握该方法是快速维修电脑控制类小家电的捷径之一。

任务4 小家电常用的电子元件识别与检测

虽然小家电的结构不同，但也有些电子元器件是通用的，要想成为一名合格的小家电生产或维修人员，必须先认识这些电子元器件，了解它们的特性和基本原理，并掌握这些元器件的检测、代换方法，否则是无法胜任所从事的小家电生产和维修工作的。

技能 1　电加热器的识别与检测

电加热器件在获得供电后能够发热的器件。电加热器件广泛应用在电水壶、电热水器、电饭锅、电炒锅、饮水机等小家电内。电加热器件按功率分为大功率加热器、中功率加热器和小功率加热器三种；按结构分为电加热管、加热盘（板）、裸线式加热器和 PTC 加热器等多种。

1．典型电加热器识别

（1）电加热管

电加热管具有绝缘性能好、功率大、防震、防潮等优点，所以广泛应用在电水壶、电热水器、电淋浴器等小家电产品内，常见的电加热管实物图如图 1-23 所示。

图 1-23　常见的电加热管实物图

（2）电加热盘（板）

将电加热管铸于铝盘、铝板中或焊接或镶嵌于铝盘、铝板上，构成各种形状的电加热盘（板），广泛应用在家用电器和工业电气产品内。常见的电加热盘实物图如图 1-24 所示。

图 1-24　常见的电加热盘实物图

2．加热器的测量

下面以 1600W 加热管为例介绍加热器的检测方法。将数字万用表置于 200Ω 挡，两个表笔接在 1600W 电加热管的供电端子上，万用表显示屏显示的数值就是该加热管的阻值，如图 1-25 所示；若数值为 1，则说明它已开路。

图 1-25　加热管的检测

技能 2   电动机的识别与检测

电动机通常简称电机，俗称马达，在电路中用字母"M"（旧标准用"D"）表示。它的作用就是将电能转换为机械能。根据电动机工作电源的不同，可分为直流电机和交流电机；电机按结构及工作原理可分为同步电机和异步电机两种。电动小家电主要采用单相交流异步电机、单相串励电机、永磁直流电机。小家电常采用的电动机实物图如图 1-26 所示。

图 1-26   常见的电动机实物图

1. 常见电动机的构成

下面以单相交流异步电机为例来介绍，此类电动机具有结构简单、成本低，价格便宜等优点，所以被电风扇、吸油烟机、洗碗机等小家电采用。

单相交流异步电机主要由定子、转子两部分构成，如图 1-27 所示。

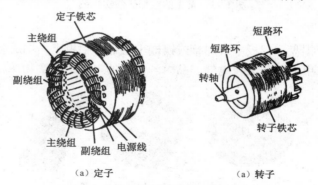

（a）定子   （a）转子

图 1-27   单相交流异步电机的构成

定子又由定子铁芯和定子绕组构成，定子绕组一般有两个，一个是主绕组（或称为运行绕组），另一个是副绕组（或称为启动绕组）。在电机内部主、副绕组的一个端子连接在一起，再通过导线引出，通常称为公共端，用 C 表示；运行绕组的另一个端的引出线，通常用 M 表示；启动绕组引出线用 S 表示，如图 1-28 所示。

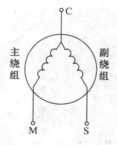

图 1-28   单相交流异步电机引出线示意图

2．电动机的测量

下面以吸油烟机的风扇电动机为例介绍交流电机的检测方法，测量方法与步骤如图 1-29 所示。

（1）绕组通断的检测

首先，将数字万用表置于 200Ω 挡，两个表笔分别接绕组两个接线端子，表盘上指示的数值就是该绕组的阻值。若阻值为无穷大，则说明它已开路；若阻值过小，说明绕组短路。

> 【提示】检测电机时，首先查看它的接头有无锈蚀和松动现象，若有，修复或更换；若正常，再进行阻值的检测。另外，绕组短路后，不仅电机会转动无力、噪声大等异常现象，而且电机外壳的表面会发热，甚至会发出焦味。

（a）运行绕组　　　　　　（b）启动绕组　　　　　　（c）运行+启动绕组

图 1-29　吸油烟机电动机绕组的检测

（2）绕组是否漏电的检测

将数字万用表置于 200MΩ 挡（或指针万用表置于 R×10k 挡），一个表笔接电动机的绕组引出线，另一个表笔接在电动机的外壳上，正常时显示的数值为 1，说明阻值为无穷大，如图 1-30 所示。否则，说明它已漏电。

图 1-30　吸油烟机电机绕组绝缘性能的检测

技能 3　电动机启动/运转电容的识别与检测

1．作用

启动绕组与启动电容串联，在启动电容的作用下，使流过启动绕组的电流超前运行绕组的相位 90°，于是启动绕组、运转绕组形成两相旋转磁场，从而驱动转子运转。小家电电动机采用的启动电容的容量为 1μF～2μF，耐压为 400～560V。常见的电动机启动电容实物图如

图 1-31 所示。

图 1-31　电动机启动电容实物图

2．启动电容的检测

电动机的启动电容（运行电容）可在路检测，也可以非在路检测，下面以电风扇电动机的 1.3μF/400V 启动电容为例介绍电容的在路检测方法，如图 1-32 所示。

将数字万用表置于 2μF 电容挡，两个表笔接在电容的引脚上，正常时显示的数值如图 1-32 所示。若数值过小，说明电容容量不足；若数值过大，说明电容漏电。

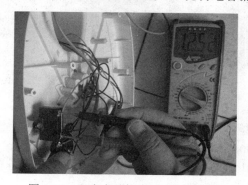

图 1-32　风扇电动机启动电容的检测

技能 4　电磁继电器

由于电磁继电器的线圈通过产生电磁场控制触点接通或断开，因此它被称为电磁继电器。电磁继电器一般由线圈、铁芯、衔铁、触点簧片、外壳、引脚等构成。常见的电磁继电器实物图如图 1-33 所示。

图 1-33　电磁式继电器实物图

1．电磁继电器的分类

（1）按供电方式分类

电磁继电器根据线圈的供电方式可以分为直流电磁继电器和交流电磁继电器两种，交流继电器的外壳上标有"AC"字符，直流继电器的外壳上标有"DC"字符。

（2）按触点的工作状态分类

电磁继电器根据触点的状态可分为常开型继电器和常闭型继电器和转换型继电器三种。三种电磁式继电器的电路符号如表 1-4 所示。

表 1-4　普通电磁继电器的电路符号

线圈符号	触点符号	
KR	KR-1 动合触点（常开），称H型	
	KR-2 动断触点（常开），称D型	
	KR-3 切换触点（转换），称Z型	
KR1	KR1-1　　KR1-2　　KR1-3	
KR2	KR2-1　　KR2-2	

常开型继电器也称为动合型继电器，通常用"合"字的拼音字头 H 表示，此类继电器的线圈没有导通电流时，触点处于断开状态，当线圈通电后触点就闭合。

常闭型继电器也称为动断型继电器，通常用"断"字的拼音字头 D 表示，此类继电器的线圈没有电流时，触点处于接通状态，通电后触点就断开。

转换型继电器用"转"字的拼音字头 Z 表示，转换型有 3 个一字排开的触点，中间的触点是动触点，两侧的是静触点，此类继电器的线圈没有导通电流时，动触点与其中的一个触点接通，而与另一个断开，当线圈通电后触点移动，与原闭合的触点断开，与原断开的触点接通。

2．电磁继电器的检测

下面以 JZC-8 型 12V 直流电磁继电器为例介绍继电器的检测方法，如图 1-34 所示。

（1）未加电检测

将数字万用表置于 2k 挡，将两表笔分别接到继电器线圈的两引脚，测量线圈的阻值为 330Ω，如图 1-34（a）所示。若阻值与标称值基本相同，表明线圈良好；若显示的数值为 1（阻值为∞），说明线圈开路；若阻值小，则说明线圈短路。但是，通过万用表测量线圈的阻值很难判断线圈是否匝间短路的。

（a）线圈的测量　　　　　　　　　　　　　　（b）常开触点的测量

图 1-34　电磁继电器的好坏判断示意图

【提示】继电器的型号不一样，其线圈电阻的阻值也不一样，通过检测线圈的直流电阻，可初步判断继电器是否正常。

如图 1-34（b）所示，将万用表置于 2k 挡或二极管挡，表笔接常开触点两引脚间的阻值应为∞；若阻值为 0，说明触点粘连。

（2）加电检测

如图 1-35 所示，用直流稳压电源为继电器的线圈供电，使衔铁动作，将常闭转为断开，而将常开转为闭合，再检测触点引脚的阻值，阻值正好与未加电时的测量结果相反，说明该继电器正常。否则，说明该继电器损坏。

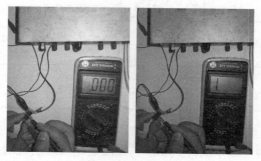

图 1-35　电磁继电器供电后检测示意图

技能 5　三端稳压器

三端不可调稳压器是目前应用最广泛的稳压器。常见的三端不可调稳压器实物外形与引脚功能如图 1-36 所示。

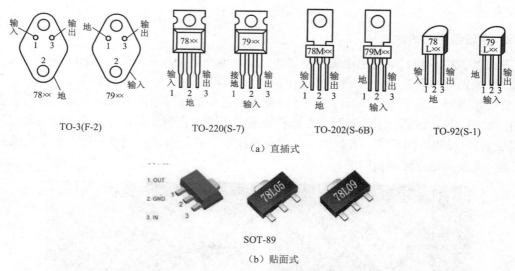

图 1-36　三端不可调稳压器的实物外形与引脚功能

1. 分类

三端不可调稳压器按输出电压极性可以分为 78×× 系列和 79×× 系列两大类。其中，78×× 系列稳压器输出的是正电压，而 79×× 系列稳压器输出的是负电压。

三端不可调稳压器按输出电压可分为 10 种，以 78×× 系列稳压器为例介绍，包括 7805（5V）、7806（6V）、7808（8V）、7809（9V）、7810（10V）、7812（12V）、7815（15V）、7818（18V）、7820（20V）、7824（24V）。

三端不可调稳压器按输出电流可分为多种，电流大小由型号内的字母有关，稳压器最大输出电流与字母的关系如表 1-5 所示。

表 1-5　稳压器最大输出电流与字母的关系

字母	L	N	M	无字母	T	H	P
最大电流/A	0.1	0.3	0.5	1.5	3	5	10

参见表 1-4，常见的 L78M05 就是最大电流为 500mA 的 5V 稳压器；而常见的 KA7812 就是最大电流为 1.5A 的 12V 稳压器。

2. 测量

检测三端不可调稳压器时，可采用电阻测量法和电压测量法两种方法。而实际测量中，一般都采用电压测量法。下面以三端稳压器 KA7812 为例进行介绍，测量过程如图 1-37 所示。

（a）输入端电压　　　　　　（b）输出端电压

图 1-37　三端稳压器 KA7812 的测量过程示意图

将 KA7812 的供电端和接地端通过导线接在稳压电源的正、负极输出端子上，将稳压电源调在 16V 直流电压输出挡上，测 KA7812 的供电端与接地端之间的电压为 15.85V，测输出端与接地端间的电压为 11.97V，说明该稳压器正常。若输入端电压正常，而输出端电压异常，则为稳压器异常。

【提示】若稳压器空载电压正常，而接上负载时，输出电压下降，说明负载过流或稳压器带载能力差，这种情况对于缺乏经验的人员最好采用代换法进行判断，以免误判。

任务5　电子元器件的更换方法

技能 1　电阻、电容、晶体管的更换

由于电阻、电容、二极管的引脚都有两个，而三极管的引脚有三个，通常采用直接拆卸的方法，即一只手持电烙铁对需要拆卸元件的一个引脚进行加热，用另一只手向外用力，就可以使该脚脱离电路板，然后再拆卸其他的引脚即可，如图 1-38 所示。

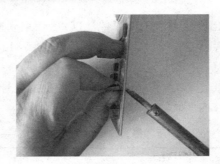

图 1-38 拆卸电容示意图

焊接时，将焊孔内的焊锡清除干净，将需要更换的电阻、电容的引脚插装好，用不漏电的电烙铁迅速焊接好引脚。若引脚过长，用斜嘴钳剪断即可。

技能 2 集成电路的更换

1. 集成电路的拆卸

拆卸集成电路通常采用吸锡法、悬空法和吹气法等方法。目前，多常用吸锡法和悬空法。

（1）吸锡法

吸锡法可用吸锡器和吸锡绳（类似屏蔽线）将集成电路引脚吸掉，以便于拆卸集成电路。

如图 1-39 所示，首先用 30W 普通电烙铁或变压器式电烙铁将集成电路引脚上的锡熔化，再用吸锡器将锡吸掉，随后用镊子或一字改锥从集成电路的一侧插入到它的底部，再向上撬就可以将集成电路从电路板上取出。

【注意】撬集成电路时，若有的引脚不能被顺利 "拔" 出，说明该引脚上的锡没有完全被吸净，需要吸净后再翘，以免损坏引脚。

【方法与技巧】晶体管、开关变压器、整流堆引脚的焊锡较多，所以拆卸时采用吸锡法和悬空法更容易些。

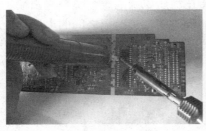
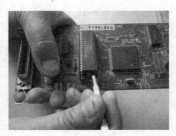

（a）吸锡　　　　　　　　　　　　　　（b）取出

图 1-39 吸锡器拆卸集成电路示意图

采用吸锡绳吸锡时，先将吸锡绳放到焊点上，再用 30W 电烙铁将集成电路引脚的锡熔化，于是焊锡就吸附到吸锡绳上，就可取下集成电路。若手头没有吸锡绳也可用话筒线内的屏蔽线代替，但在吸锡前需要将它粘好松香。

（2）悬空引脚法

如图 1-40 所示，采用悬空引脚法时，先用 30W 电烙铁将集成电路引脚上的锡熔化，随后用 9 号针头或专用的套管插到集成电路的引脚上并旋转，将集成电路的引脚与焊锡和线路板悬空，随后用镊子或"一"字螺丝刀（改锥）将集成电路取下。采用该方法时也可以先将针头插到集成电路引脚上，再用电烙铁将焊锡熔化。

图 1-40　针头拆卸集成电路示意图

（3）热风枪熔锡法

热风枪熔锡法主要是用于拆卸扁平焊接方式的元器件，采用热风枪拆卸时，应注意的事项如下。

一是根据所焊元件的大小，选择不同的喷嘴。

二是正确调节温度和风力调节旋钮，使温度和风力适当。如吹焊电阻、电容、晶体管等小元件时温度一般调到 2～3 挡，风速调到 1～2 挡；吹焊集成电路时，温度一般调到 3～5 挡，风速调到 2～3 挡。但由于热风枪品牌众多，拆焊的元器件耐热情况也各不相同，所以热风枪的温度和风速的调节可根据个人的习惯，并视具体情况而定。

三是将喷嘴对准所拆元件，等焊锡熔化后再用镊子取下元件，如图 1-41 所示。

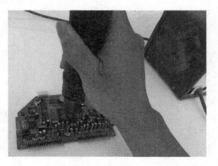

图 1-41　热风枪拆卸集成电路示意图

2. 安装

更换集成电路时，将焊孔内的焊锡清除干净，将集成电路插装好，用不漏电的电烙铁迅速焊接好各引脚。

【注意】安装时不能搞错引脚方向。焊接时的速度要快，以免因焊接时间过长，引起集成电路过热损坏，并且更换后需要待温度降到一定程度后才能通电，以免导致集成电路损坏。另外，目前，许多新型小家电电路板采用的单片机（CPU）属于大规模集成电路，不仅引脚多，引脚间距小，而且采用贴面焊接，更换时应采用热风枪等专用工具。

025

思考题

1．小家电是如何分类的？小家电的主要特性有哪些？

2．小家电维修的通用工具有哪些？小家电维修的特殊工具有哪些？小家电维修主要使用的仪器、仪表是什么？

3．小家电维修常用的方法有哪些？掌握电压测量、电阻测量法、导通压降测量法、通断测量法、代换法等检修方法。

4．简述典型加热器、电动机、电动机启动/运转电容、电磁继电器、三端稳压器的检测方法。

5．简述电子元器件的更换方法。

厨房类小家电故障检修

任务 1　电饭锅故障检修

电饭锅也称为电饭煲，它不仅能煮出香甜、可口的米饭，而且可以完成蒸、煮、炖、煨等多种烹饪操作。电饭煲的最大特点是煮饭无须人员照料看管，饭熟自动保温，具有操作方便、无污染、清洁卫生、省时省力、安全可靠等优点。常见的电饭锅实物图如图 2-1 所示。

（a）普通分体式　　　　　　（b）普通一体式　　　　　　（c）电脑控制式

图 2-1　常见的电饭煲实物图

技能 1　普通电饭锅故障检修与拆装方法

1. 普通电饭锅的构成

普通电饭锅由内胆（内锅）、加热盘（电热盘）、磁性限温器、开关按键（开关组件）、外壳、把手、锅盖、指示灯、插座、底脚等构成，如图 2-2 所示。

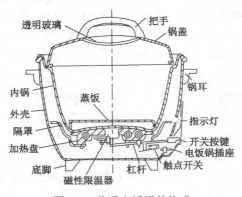

图 2-2　普通电饭锅的构成

【提示】磁性限温器俗称磁钢，它的作用是控制电饭锅煮饭的温度。常见的磁性限温器的实物如图 2-3（a）所示。图 2-2 中的开关按键、杠杆、触点开关的是开关组件，俗称开关总成，它的具体构成如图 2-3（b）所示。

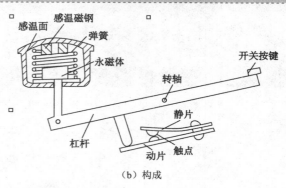

（a）实物　　　　　　　　　　　　　　　　（b）构成

图 2-3　磁性限温器

2. 普通单加热器型电饭锅

下面以万家乐 CFXB25-1/CFXB40-1 型机械控制型电饭锅为例介绍万家乐机械控制型电饭锅的工作原理与故障检修。该电饭锅的电路由加热盘（电热板）、总成开关、磁性限温器器、热熔断器（温度型熔断器）、保温器、指示灯、限流电阻等构成，如图 2-4 所示。

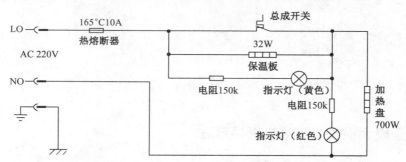

图 2-4　万家乐 CFXB25-1/CFXB40-1 型机械控制型电饭锅电路

（1）加热电路

放入内锅后，将电源插头插入市电插座，再按下总成开关的按键，磁性限温器内的永久磁铁在杠杆的作用下克服弹簧的推力，上移与感温磁铁吸合，使总成开关的触点闭合。此时，220V 市电电压不仅为加热盘供电，使加热盘发热煮饭，而且通过电阻限流，使红色指示灯发光，表明电饭锅工作在煮饭状态。当煮饭的温度升至 103℃时，饭已煮熟，磁性限温器的感温磁铁的磁性消失，感温磁铁在弹簧的作用下复位，通过杠杆将总成开关的触点断开，此时市电电压通过保温板（电阻丝）降压后，为加热盘供电，电饭锅进入保温状态。同时，市电电压通过限流电阻为黄色指示灯供电，使它发光，表明电饭锅工作在保温状态。

（2）过热保护电路

热熔断器用于过热保护。当总成开关触点粘连使加热盘加热时间过长，导致加热温度达到 165℃时热熔断器熔断，切断市电输入回路，加热盘停止加热，实现过热保护。

3. 普通多加热器型电饭锅

下面以美的 MB-YHB40 型电饭锅为例介绍普通多加热器型电饭锅电路原理与故障检修。该电饭锅的电路由加热器、总成开关组件、磁性限温器（简称磁钢或限温器）、热熔断器（温度型熔断器）、温控器、指示灯、限流电阻等构成，如图 2-5 所示。

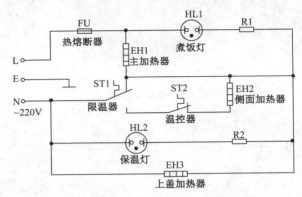

图 2-5　美的 MB-YHB40 型机械控制型电饭锅电路

（1）加热、保温电路

需要煮饭时，按下总成开关的按键，磁钢内的永久磁铁在杠杆作用下克服弹簧的推力，上移与感温磁铁吸合，使总成开关组件的动触点与上静触点接通。此时，220V 市电电压不仅为主加热器（加热盘）EH1 供电，使 EH1 开始加热煮饭，而且通过 R1 限流，使煮饭灯 HL1 发光，表明电饭锅工作在煮饭状态。当煮饭的温度升至 103℃时，饭已煮熟，磁性限温器的感温磁铁磁性消失，在弹簧的作用下复位，通过杠杆将总成开关 ST1 的静触点与上边的动触点断开，而与下边动触点接通，此时由于温控器 ST2 的触点断开，电饭锅进入保温状态。随着保温的进行，锅内温度不断下降，当温度低于 65℃后，ST2 的触点吸合，使市电电压通过 EH2、EH1 构成的回路，使 EH2 开始加热，对侧面的米饭加热，确保侧面的米饭也柔软可口。同时，EH2 两端产生的电压不仅为上盖加热器 EH3 供电，使它发热，将水蒸气烘干，以免滴入米饭，确保米饭干松爽口，而且经 R2 限流，使 HL2 发光，表明电饭锅工作在保温状态。这样，在 ST2 的控制下，米饭的温度被控制在 65℃左右。

（2）过热保护电路

过热保护电路是由热熔断器 FU 构成的。当总成开关的触点 ST1 或温控器 ST2 的触点粘连，使加热器 EH1 加热时间过长，导致加热温度超过 165℃后 FU 熔断，切断市电输入回路，EH1 停止加热，避免了 EH1 等器件过热损坏，实现过热保护。

4. 普通电饭锅主要器件的识别与检测方法

（1）加热盘

无论是普通电饭锅，还是电脑控制型电饭锅的加热盘基本是一样的，怀疑它内部电热丝异常时不仅可在路检测，也可以非在路检测，在路检测方法如下。

电饭锅加热盘的导通阻值多在 120Ω 以内，正常的 800W 加热盘的阻值为 62Ω 左右，如图 2-6（a）所示；加热器烧断（开路）的加热盘的阻值为无穷大（显示 1），如图 2-6（b）所示；用 200MΩ 电阻挡测量正常加热盘供电端子对外壳的漏电阻阻值为无穷大（显示 1），如图 2-6（c）所示；若数值较小，说明加热盘漏电。

（a）导通阻值

（b）开路的阻值

（c）漏电阻

图 2-6　加热盘的检测

【提示】加热盘电热丝烧断的故障并不多见，多见的是表面出现凹凸不平的变形。若轻微的变形用砂纸打磨平整即可修复；若严重变形则需要更换相同或相似的加热盘。

【注意】加热盘变形的主要原因：一是清洗内锅，锅底有水，导致加热盘发热不均匀而变形；二是热熔断器烧断，被导线短接后，丧失过热保护功能，导致加热盘因过热变形；三是内锅变形，导致局部和加热盘接触不良，导致加热盘局部过热变形。

（2）保温板

保温板（限流板）可以在路检测，也可以非在路检测，在路检测方法如图 2-7 所示。

用 2kΩ 电阻挡检测正常的保温板的导通阻值为 1.243kΩ 左右，如图 2-7（a）所示；若显示的数值为 1，说明保温板开路。正常的保温板对外壳的漏电阻阻值应为无穷大，如图 2-7（b）所示；若有一定的阻值，则说明保温板漏电。

（a）导通阻值

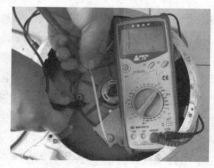
（b）漏电阻值

图 2-7　保温板的检测

（3）开关组件

开关组件俗称开关总成，它的大部分故障通过查看就可以确认，仅触点方面的故障需要检测，检测方法如下。

按下开关组件的杠杆后，用万用表通断挡测总成开关触点间的阻值近于 0Ω 且蜂鸣器鸣叫，说明触点可以闭合，如图 2-8（a）所示；松开手后，测触点间的阻值增大到保温板的阻值，说明触点可以断开，如图 2-8（b）所示。若未按杠杆，触点间阻值为 0，说明触点粘连；若按杠杆，触点间阻值不能为 0，说明触点不能闭合或接触电阻大。

（a）导通　　　　　　　　　　（b）断开

图 2-8　开关总成触点的检测

【点拨】对于未采用保温板，而采用突跳式温控器（双金属片型温控器）作为保温温控器的电饭锅，即使未按开关组件的杠杆时，开关组件触点间的数值也应是接通的，因为它的触点与开关总成的触点是并联。因此，为了确认总成开关的触点是否正常，应断开保温温控器的接线。

（4）磁性限温器的检测

磁性限温器的检测多采用经验法或代换法判断。

5. 常见故障检修

以图 2-4、图 2-5 所示普通电饭锅为例介绍普通电饭锅常见故障检修方法，如表 2-1 所示。

表 2-1　普通电饭锅常见故障检修

故障现象	故障原因	故障部位及检修
不加热，两个指示灯不亮	没有市电输入	（1）市电供电系统异常；（2）电源线异常。测市电插座有无 220V 交流电压，若没有，维修插座及其线路；若有，检查电源线是否正常，若不正常，更换即可；若正常，检查锅内电路
	热熔断器熔断	（1）加热盘变形；（2）内锅变形；（3）总成开关异常；（4）磁性限温器异常；（5）温控器异常；（6）自然损坏。对于采用保温板方式的电饭锅，则没有第 5 个原因。首先，查看加热盘是否变形，若是，更换即可；若正常，查看内锅是否变形，若是，校正或更换，若正常，检查总成开关的触点是否粘连，若是，维修即可；若正常，检查磁性限温器是否异常，维修或更换；若正常，检查温控器的触点是否粘连，若是，维修或更换即可；若正常，说明热熔断器自然损坏
	总成开关组件损坏	维修或更换相同的组件
做饭夹生	加热盘或内锅变形	若内锅变形，校正即可。若加热盘轻微变形，用砂纸打磨平整即可；若严重变形，需要更换加热盘
	磁性限温器异常	更换磁钢
始终处于保温状态	总成开关异常	若总成开关的触点碳化，需要打磨或更换；若触点的弹簧片变形，校正即可
漏电保护器跳闸	电源线插头或总成开关组件碳化漏电	维修或更换相同的元件即可

续表

故障现象	故障原因	故障部位及检修
不能保温	保温板或温控器异常	更换相同的保温板或温控器即可
上盖加热器不加热	上盖加热器EH3 或其引线开路	检查 EH3 的引线是否正常，若异常，维修或更换即可；若正常，检查 EH3
侧面加热器不加热	侧面加热器EH2 或其引线开路	检查 EH2 的引线是否正常，若异常，维修或更换即可；若正常，检查 EH2

6. 普通电饭锅主要器件的拆装方法

（1）后盖的拆卸方法

取出内锅，把电饭锅翻转，用螺丝刀取下 3 颗底脚螺钉，如图 2-9（a）所示；取下底盖，露出内部部件，如图 2-9（b）所示。

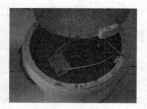

（a）拆掉螺丝钉　　　　　　　（b）取下后盖

图 2-9　底盖的拆卸

（2）拆卸磁性限温器

磁性限温器的拆卸：用尖嘴钳将磁钢的行程拉杆连接处钢片弯折成对应孔的形状，就可将行程拉杆与开关组件的杠杆脱离，如图 2-10（a）所示；用尖嘴钳捏直磁钢固定爪，如图 2-10（b）所示；用尖嘴钳向下砸磁钢，即可拆掉磁性限温器，如图 2-10（c）、（d）所示。

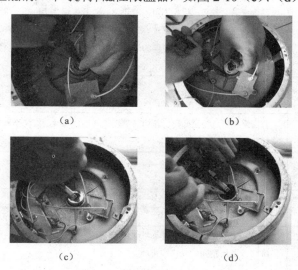

（a）　　　　　　　　　　　　　（b）

（c）　　　　　　　　　　　　　（d）

图 2-10　磁钢限温器的拆卸

磁性限温器的安装方法：用尖嘴钳将磁钢固定爪捏好角度，如图 2-11（a）所示，将磁钢插入加热盘后，再将磁钢的行程拉杆插入总成开关的杠杆相应孔内，如图 2-11（b）所示；用尖嘴钳将行程拉杆的固定爪的铜片捏直，将它与总成开关组件的杠杆连接在一起，如图 2-11（c）所示。

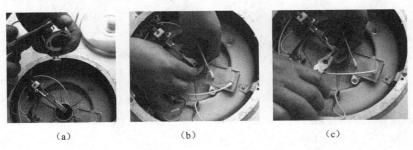

(a)　　　　　　　　　　(b)　　　　　　　　　　(c)

图 2-11　安装磁性限温器

（3）加热盘的拆装方法

加热盘的拆卸：第一步，用尖嘴钳将开关组件上的行程拉杆与磁钢的行程拉杆的固定爪脱离；第二步，拆掉加热盘供电端子上的螺丝钉，如图 2-12（a）所示；第三步，拆掉紧固保温板的螺丝钉，如图 2-12（b）所示；第四步，拆掉紧固加热盘的其他螺丝钉后即可取下加热盘。

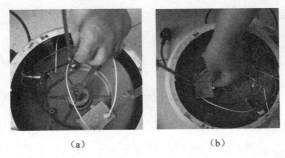

(a)　　　　　　　　　　(b)

图 2-12　加热盘的拆卸

安装加热盘：第一步，将相同功率尺寸的加热盘安装磁钢后，如图 2-13（a）所示；第二步，将磁钢的行程拉杆插入开关总成的杠杆相应孔内，用尖嘴钳将磁钢行程拉杆的铜片捏直，如图 2-13（b）所示，第三步，并将加热盘、外壳的螺丝孔对齐，用螺丝刀依次拧紧固定螺丝，并拧紧加热盘接线柱上的螺丝，如图 2-13（c）所示；第四步，检查安装后的加热盘是否平整，如图 2-13（d）所示。

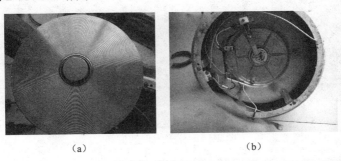

(a)　　　　　　　　　　(b)

图 2-13　加热盘的安装

（c）　　　　　　　　　　　　（d）

图 2-13　加热盘的安装（续）

（4）电源操作的拆装方法

首先，拆掉固定电源插座的螺丝钉，如图 2-14（a）所示；其次，拆掉电源插座上固定内部电源线的螺丝钉，如图 2-14（b）所示。安装时，按相反的过程将相同的插座安上即可。

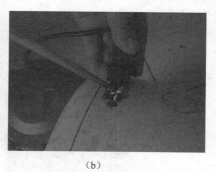

（a）　　　　　　　　　　　　（b）

图 2-14　电源插座的拆卸

（5）开关组件的拆装方法

第一步，用尖嘴钳将总成开关的杠杆与磁钢脱离；第二步，拆掉总成开关组件与加热盘上的固定螺丝钉；第三步，拆掉固定开关组件的螺丝钉，如图 2-15（a）所示；第四步，轻轻拿出开关组件即可，如图 2-15（b）所示。安装时，按相反的过程将相同的开关组件安上即可。

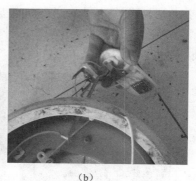

（a）　　　　　　　　　　　　（b）

图 2-15　开关组件的拆卸

技能 2　电脑控制型电饭锅故障检修与拆装方法

电脑控制型电饭锅与普通电饭锅的区别主要是控制方式，它不再采用开关总成组件控制加热盘的供电方式，而且是采用了单片机控制继电器触点通断的控制方式，并且温度检测也不再检测磁钢（感温磁铁）的检测方式，而是采用了负温度系数热敏电阻作为温度传感器检测加热盘和上盖温度的方式。

1．电脑控制型电饭锅构成

常见的电脑控制型电饭锅与机械控制型电饭锅相比，不仅取消了磁性温控器、开关总成、双金属温控器等机械控制器件，而且增加了控制电路板、温度传感器、操作电路板等电子控制电路，如图 2-16 所示。

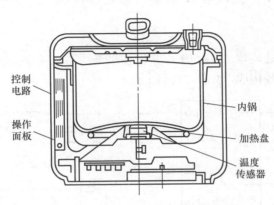

图 2-16 典型电脑控制电饭锅的构成

【提示】由于采用了电脑控制方式，因此此类电饭锅具有功能多、热效率高、保温性能好等优点，但也存在成本高、维修难度大等缺点。

2．典型电脑控制型电饭锅故障检修

下面以美的 MB- YCB30B/40B/50B 系列电脑控制型电饭锅为例介绍，该系列电饭锅电路由电源电路和控制电路两大部分构成的。

（1）电源电路

电源电路采用了变压器降压式电源电路，如图 2-17 所示。

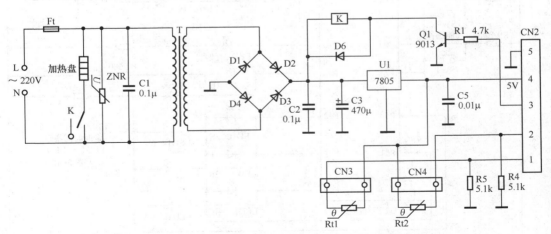

图 2-17 美的 MB-YCB30B/40B/50B 电脑控制型电饭锅电源电路

　　220V 市电电压先经热熔断器 Ft 输入，再经 C1 滤波后，不仅通过继电器 K 的触点为加热盘供电，而且经电源变压器 T 降压，它的次级绕组输出 11V 左右的（与市电高低有关）交流电压。该电压经 D1～D4 构成的整流堆进行整流，通过 C2、C3 滤波产生 12V 左右的直流电压，不仅为继电器 K 的线圈供电，而且经三端稳压器 U1（7805）稳压产生 5V 直流电压，通过连接器 CN2 的④脚为微处理器电路供电。

　　ZNR 是压敏电阻用于市电过压保护。ZNR 在市电电压正常时相当于开路，不影响电路正常工作；当市电升高或有雷电窜入后，引起 ZNR 两端的峰值电压达到 470V 时它击穿，导致热熔断器 Ft 过流熔断，切断市电输入回路，避免了变压器 T、加热盘等器件过压损坏，实现市电过压保护。

　　（2）控制电路

　　微处理器电路由微处理器（SD-601）、8 位移相寄存器 IC4（74HC164）、晶振 B、数码显示屏、指示灯、操作键等构成，如图 2-18 所示。

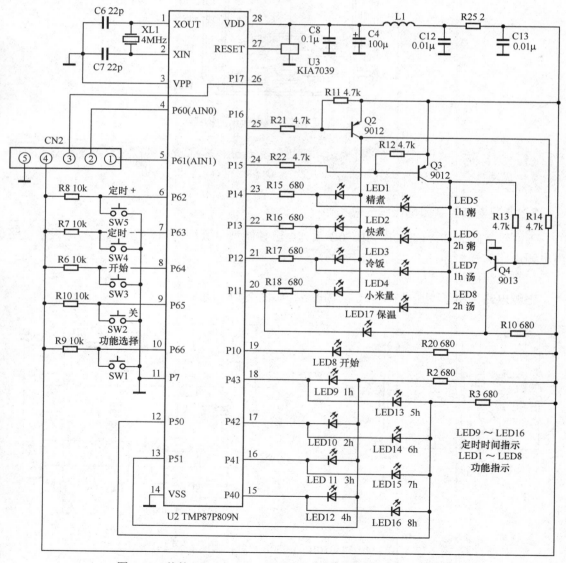

图 2-18　美的 MB-YCB30B/40B/50B 电脑控制型电饭锅控制电路

① 微处理器基本工作条件电路。如图 2-18 所示，该机的控制电路是以微处理器 TMP87P809N 为核心构成的。TMP87P809N 的引脚功能和引脚维修参考数据如表 2-2 所示。

表 2-2   微处理器 TMP87P809N 的引脚功能和维修参考数据

脚号	脚名	功能	电压/V
①	XOUT	晶振输出	2.75
②	XIN	晶振输入	2.56
③	VPP	接地	0
④	P60（AIN0）	温度检测信号 2 输入	0.45
⑤	P61（AIN1）	温度检测信号 1 输入	0.45
⑥～⑩	P62～P66	操作键信号输入	5.04
⑪	P7	接地	0
⑫，⑬	P50，P51	接指示灯（发光二极管）供电检测	3.9
⑭	VSS	接地	0
⑮	P40	4h 指示灯控制信号输出	4.15
⑯	P41	3h 指示灯控制信号输出	4.15
⑰	P42	2h 指示灯控制信号输出	4.08
⑱	P43	1h 指示灯控制信号输出	4.22
⑲	P10	开始指示灯控制信号输出	0.26～5
⑳	P11	小米量/保温指示灯控制信号输出	5
㉑	P12	冷饭/1h 汤指示灯控制信号输出	5
㉒	P13	快煮/2h 粥指示灯控制信号输出	5
㉓	P14	精煮/1h 粥指示灯控制信号输出	0.27
㉔	P15	指示灯供电控制信号输出	5
㉕	P16	指示灯供电控制信号输出	0
㉖	P17	电热盘供电控制信号输出	0
㉗	RESET	低电平复位信号输入	5
㉘	VDD	5V 供电	5

037

5V 供电：插好电饭煲的电源线，待电源电路工作后，由其输出的 5V 电压经 R25 限流，再经 C12、L1、C4、C8 组成的 π 型滤波器滤波后，加到微处理器 U2（TMP87P809N）供电端㉘脚，为它供电。

复位电路：复位信号由专用复位芯片 U3（KIA7039）提供。开机瞬间，由于电源在滤波电容的作用下是逐渐升高到 5V 的，当该电压低于设置值时（多为 3.6V），U3 的输出端输出一个低电平的复位信号。该信号加到 U2 的㉗脚，U2 内的存储器、寄存器等电路清零复位。随着电源电压不断升高，U3 输出高电平信号，加到 U2 的㉗脚后，U2 内部电路复位结束，开始工作。

时钟振荡电路：微处理器 U2 得到供电后，它内部的振荡器与①、②脚外接的晶振 XL1 和移相电容 C6、C7 通过振荡产生 4MHz 的时钟信号。该信号经分频后协调各部位的工作，并作为 U2 输出各种控制信号的基准脉冲源。

② 操作显示电路。该机的操作显示电路由 5 个操作键和指示灯 LD1～LED13 构成。

微处理器 U2 的⑥～⑩脚为操作信号输入端，通过按 SW3 键，可为 U2 的⑧脚提供低电平控制信号，被 U2 识别后可实现加热控制功能；通过按 SW2 键，为 U2 的⑨脚提供控制信号，被 U2 识别后可实现关机功能；通过按 SW1 键，可为 IC1、⑩脚提供控制信号，被 U2 识别后可选择需要的功能；通过按 SW4、SW5 键，为 U2 的⑥、⑦脚提供控制信号，被 U2 识别后可设置定时的时间。

③ 加热控制电路。由于各个功能控制过程相同，下面以煮饭控制为例进行介绍。

当锅内放入米和水后，在未加热时，温度传感器（负温度系数热敏电阻）Rt1、Rt2 的阻值较大，为微处理器 U2 的④、⑤脚输入的电压较低，U2 判断锅内温度低，并且无水蒸气，此时通过功能键 SW1 选择煮饭功能，并按下开始键 SW3，使 U2 的⑧脚输入低电平，此信号被 U2 识别后，U2 控制快煮和开始指示灯发光，表明电饭锅进入煮饭状态，同时从㉖脚输出高电平信号。该信号经连接器 CN2 的③脚输入到电源电路，再经 R1 限流，使放大管 Q1 导通，为继电器 K 的线圈提供驱动电流，于是 K 内的常开触点闭合，加热盘得到供电开始发热，使锅内的水温逐渐升高。当水温达到 100℃时，传感器 Rt1 的阻值减小到设置值，使 U1 的⑤脚输入的电压增大到设置值，被 U2 识别后控制它的㉖脚周期性输出高、低电平控制信号，使水维持沸腾状态。经过 20min 左右的保沸时间后，U2 的㉖脚输出低电平，使加热盘停止加热，电饭锅进入焖饭状态。进入焖饭状态后，米饭基本煮熟，但米粒上会残留一些水分，尤其是顶层的米饭更严重。因此，在焖饭达到一定时间后，U2 的㉖脚再次输出高电平信号，使加热盘开始加热，使多余的水分进行蒸发；随着水分的蒸发，锅盖的温度升高，使传感器 Rt2 的阻值大幅度减小，为 U2 的④脚提供的电压增大到设置值，被 U2 检测后，判断饭已煮熟，使㉖脚输出低电平信号，煮饭结束，同时控制煮饭指示灯熄灭，提醒用户米饭可以食用。若米饭未被食用，则进入保温状态。保温期间，U2 控制保温指示灯 LED17 发光，表明该机进入保温状态，同时加热盘在 Rt1、U2、Q1、K 的控制下，温度保持在 65℃左右。

④ 过热保护电路。热熔断器 Ft 用于过热保护。当放大器 Q1、继电器 K 的触点异常等原因，导致加热温度达到 165℃时热熔断器 Ft 熔断，切断市电输入回路，加热盘停止加热，实现过热保护。

3．常见故障检修

（1）不加热、指示灯不亮

该故障说明电源电路或微处理器电路未工作，主要的故障原因：一是供电线路异常；二是电源电路异常；三是加热盘或其供电电路异常；四是微处理器电路异常。

首先，用万用表交流电压挡测电源插座有无 220V 左右的交流电压，若没有，检查插座或供电线路；若有，用电阻挡测量电饭锅电源插头两端阻值，通过所测结果进行检修。

若电源插头两端阻值为无穷大，说明电源线异常、热熔断器 Ft 或电源变压器 T 的初级绕组开路。此时，先确认电源线是否正常，若异常，更换或维修即可；若电源线正常，拆开电饭锅后盖后，检测热熔断器 Ft 是否开路，若 Ft 开路，还应检查内锅、加热盘是否变形，若是，维修或更换；若正常，检查 ZNR、C1 是否正常，若异常，更换即可；若正常，检查加热盘供电电路的继电器 K 和 Q1 是否正常，若异常，更换即可；若它们正常，更换 Ft。若 Ft 正常，检查 T 的初级绕组是否开路，若是，更换 T 并检查 D1～D4、C3、C2、U1。若 T 正常，检查线路。

若测量电源插头的阻值正常，说明电源电路或微处理器电路异常。此时，测 CN2 的④脚电压是否正常，若正常，查微处理器电路；若电压低，查稳压器 U1 和负载；若无电压，说明供电电路异常。首先，测 C3 两端电压是否正常；若不正常，查 T 和 D1～D4；若 C3 两端电压正常，查 U1。确认故障发生在微处理器电路时，首先，要检查 U2 的㉘脚供电是否正常，若不正常，查 R25、L1 和线路；若正常，查 U3、C7、C6、晶振 XL1 是否正常，若不正常，更换即可；若正常，检查操作键是否正常，若不正常，更换即可；若正常，检查 U2 即可。

（2）不加热、但指示灯亮

该故障说明加热盘或其供电电路异常，导致加热器不加热所致。该故障主要的故障原因：一是加热盘异常；二是加热盘供电电路异常；三是电源电路异常；四是微处理器电路异常。

首先，按开始键时，若开始指示灯 LED8 不发光，说明开始键 SW3 或微处理器 U2 异常；若发光，说明加热盘或其供电电路异常。此时，测加热盘有无 220V 市电电压输入，若有，说明加热器开路，通过测量其阻值就可以确认；若没有，说明加热盘供电电路异常。此时，先测 U2 的㉖脚能否输出高电平电压；若不能，检查温度传感器 Rt1、Rt2、R4、R5 和 U2 是否正常，若不正常，更换即可；若正常，测继电器 K 的线圈的供电是否正常，若正常，说明 K 损坏；若不正常，检查 R1、Q1。

（3）操作显示正常，但米饭煮不熟

该故障的主要原因：一是内锅或加热盘变形，二是放大管 Q1 的热稳定性能差，三是温度传感器 Rt1、R2 异常或 R4、R5 的阻值增大，四是继电器 K 异常。

首先，检测内锅和加热盘是否变形，若内锅变形，校正或更换即可；若加热盘变形，则需要维修或更换。确认它们正常后，在加热过程中，检测微处理器 U2 的④、⑤脚电位是否提前下降到设置值，若是，则检测 Rt1、Rt2 和 R4、R5；若④、⑤脚电位正常，检查 U2。

（4）按某功能键无效故障

按某功能键无效的故障多是该功能键开关接触不良所致。拆出电脑板，用指针万用表的 R×1 挡或数字万用表的通断测量挡测量该开关的同时，按压该开关，看阻值能否在 0 与无穷大间变化，若不能，说明该开关损坏，更换即可排除故障。

4．电脑控制型电饭锅的拆装方法

下面以长虹方煲系列电饭锅为例介绍电脑控制型电饭锅的拆卸方法。

（1）提手的拆卸方法

首先，把外壳上铰链盖拆下，如图 2-19（a）所示；随后，将提手放到最底提手两端向外拉出即可，如图 2-19（b）所示。

 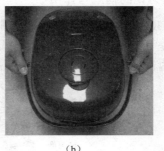

（a）　　　　　　　　　　　（b）

图 2-19　铰链的拆卸

（2）面盖总成的拆卸方法

首先，把底盖打开，再把面盖与电路板间的连接线全部拔出，并拔掉地线，如图 2-20（a）所示；然后，把铰链盖拆下，将面盖总成向上拉面盖总成即可取出，如图 2-20（b）所示。

（a）　　　　　　　　　　　　　（b）

图 2-20　　面盖的拆卸

（3）外壳的拆卸

把底盖、铰链盖、提手全部拆下后，再拆掉连接外壳的地线，用手压着中层再把外壳向上拉，就可以把外壳拆下。

任务 2　电压力锅故障检修

电压力锅与电饭锅相比，增加了高压高温功能，具有升温快、效率高、省电、保温好的优点。因此，电压力锅煮出的饭松软可口，尤其是熬骨汤、煮稀饭、炖肉类效果较好。常见的普通电压力锅实物图如图 2-21 所示。

（a）普通电压力锅　　　　　　　　　　　（b）电脑控制型电压力锅

图 2-21　普通电压力锅实物图

技能 1　普通电压力锅故障检修

1. 普通电压力锅的构成与作用

下面以海尔 HPC-YJ410 型电压力锅为例介绍普通电压力锅的构成。海尔 HPC-YJ410 型电压力锅由把手（提手）、锅盖（上盖）、限压阀（限压排气阀）、浮子阀、密封圈（锅盖密封圈）、密封圈支撑盖、内锅（内胆）、加热盘（电热盘）、内罩、定时器等构成，如图 2-22 所示。

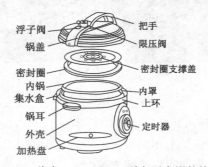

图 2-22　海尔 HPC-YJ410 型电压力锅的构成

浮子阀是电压力锅多重保护装置之一。是当锅内有压力时浮子阀上浮锁住推杆连板，此时就不能打开锅盖，待气压下降后，阀体下落，才能开盖，以免压力大时打开锅盖伤人。

限压阀也叫限压排气阀，也是电压力锅的重要保护装置之一。当电压力锅的锅内气压达到一定程度后，它就会自动排泄气压，避免因压力超限而发生爆炸。为了防止限压阀被食物残渣堵塞而失效，在锅盖内都设置了限压阀防堵罩。保持防堵罩清洁是安全使用电压力锅的基础。

> 【提示】锅盖密封圈上有食物残渣或它异常是导致锅盖漏气的主要原因，而密封圈安装的不到位，会产生合盖困难、漏气的故障。浮子阀的密封圈上有食物残渣或它异常是引起浮子阀漏气的主要原因。而放气后浮子阀不能落下会产生开盖困难的故障。

2. 普通电压力锅故障检修

下面以苏泊尔普通电压力锅电路为例介绍电压力锅的原理与故障检修方法。该电饭锅电路由加热盘（发热盘）、温控器、加热器、定时器、温度熔断器、指示灯等构成，如图 2-23 所示。

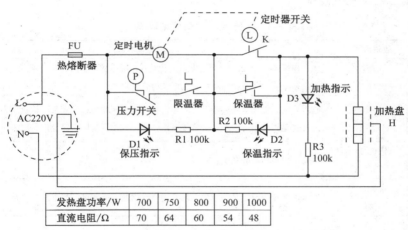

发热盘功率/W	700	750	800	900	1000
直流电阻/Ω	70	64	60	54	48

图 2-23　苏泊尔普通电压力锅电路

（1）加热、保压电路

旋转定时器旋钮设置需要的保压时间，使定时器的触点 K 接通，将 D2 短接，使 D2 不能发光。同时锅内温度在未加热前较低，所以压力开关 P、保温器、限温器的触点接通，于是 P 和限温器的触点将定时电机和指示灯 D1 短接。此时，市电电压经热熔断器 FU 输入后，不仅通过 R3 限流使加热指示灯 D3 发光，表明压力锅进入加热状态，而且通过压力开关 P、限温器、保温器的触点为加热器 H 供电，使它开始发热，锅内温度、压力逐渐升高。当锅内温度达到 80℃时，保温器的触点断开，通过 K 继续为 H 供电，压力进一步升高。当压力达到 70kPa 时，压力开关 P 的触点断开。P 的触点断开后，第一路不仅切断加热盘 H 的供电回路，使它停止加热，而且使指示灯 D3 熄灭，表明加热结束；第二路通过 H 和 R2 使指示灯 D1 发光，表明进入保压状态；第三路通过 H 为定时器电机 M 供电，使它开始运转，进入保压计时状态。保压期间，若压力低于 40kPa 后，压力开关 P 的触点再次闭合，再次为加热盘 H 供电，当压力达到 70kPa 后，P 的触点断开，H 停止加热。这样，保压期间，H 间断性加热，确保锅内的压力高于 40kPa。由于保压期间，压力开关是间断性的闭合，所以指示灯 D1

和 D3 是交替发光的。

（2）保温电路

定时器定时结束后，定时器开关 K 的触点断开，解除对保温器和 D2 的短路控制。此时，220V 市电电压通过加热盘 H、R2 使 D2 发光，表明该压力锅进入保温状态。保温期间，当温度低于 60℃时，保温器的触点闭合，H 开始加热，使温度逐渐升高，当温度达到 80℃时保温器的触点再次断开，H 停止加热。这样，锅内温度在保温器的控制下保持在 60～80℃。

（3）过热保护电路

过热保护电路由限温器和热熔断器（超温熔断器）FU 构成。当压力开关、保温器或定时器的触点粘连，使加热盘 H 加热时间过长，导致加热温度升高并达到限温器的设置温度后，它内部的触点断开，切断 H 的供电回路，H 停止加热，实现过热保护。

当限温器内的触点也粘连，不能实现过热保护功能后，使加热器 H 继续加热，导致加热温度进一步升高，当温度达到 150℃左右时 FU 熔断，切断市电输入回路，H 停止加热，以免 H 等器件过热损坏，实现过热保护。

（4）常见故障检修

普通电压力锅常见故障检修方法如表 2-3 所示。

表 2-3　普通电压力锅常见故障检修

故障现象	故障原因	故障检修
不加热，指示灯不亮	没有市电输入	测市电插座有无 220V 交流电压，若没有，维修插座及其线路；若有，检查电源线是否正常，若不正常，更换即可；若正常，检查锅内电路
	热熔断器 FU 熔断	查看内锅、加热盘是否变形，若是，维修或更换即可；若正常，检查压力开关 P、保温器的触点是否粘连，若是，维修或更换；若正常，说明熔断器是自然损坏
	锅内插座异常	维修或更换相同的插座
不加热	加热盘 H 及其接线	检查加热盘的引线是否正常，若异常，维修或更换即可；若正常，检查加热盘
	压力开关 P 异常	维修或更换
	限温器异常	维修或更换相同的限温器
压力不够	压力开关异常	维修或更换压力开关
	密封圈漏气	更换密封圈
	限压阀异常	更换限压阀
	膜片异常	维修或更换
不能保温	保温器异常	更换相同的保温器即可
不能保压	定时器或其引线异常	检查定时器的接线是否正常，若异常，维修或更换；若正常，检查定时器

技能 2　电脑控制型电压力锅故障检修

1. 电脑控制型电压力锅的构成

电脑控制型电压力锅与普通电压力锅构成基本相同，主要区别是控制部分和温度检测部分。下面以乐邦电压力锅为例介绍，电压力锅控制部分主要由电路板、压力开关、温度传感器、热熔断器、加热盘等构成，如图 2-24 所示。

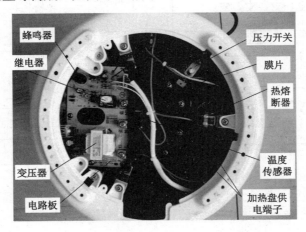

图 2-24　乐邦电压力锅的构成

2. 典型电压力锅故障检修

下面以苏泊尔 DP-90 型电压力锅为例介绍电脑控制型电压力锅原理与故障检修方法。苏泊尔 DP-90 型电压力锅采用蜂窝内胆、无沸腾烹饪技术、四层厚釜烧结处理技术，给用户带到新"食"器时代。

（1）电源电路

如图 2-25 所示，220V 市电电压经热熔断器 TF 输入后，不仅通过继电器 K1 为加热盘供电，而且经电源变压器 BY1 降压，从③、④脚输出 10.5V 左右的交流电压。该电压通过 D1～D4 桥式整流，EC1 和 C1 滤波后输出+12V 直流电压，一路为 K1 的驱动电路和蜂鸣器 BUZ1 供电；另一路经 R1 限流，EC2 和 C2 滤波，通过三端稳压块 IC1（LM7805）稳压输出+5V 直流电压，由 EC2、C2 滤波后经连接器 MY-6A 的②脚为控制板电路供电。

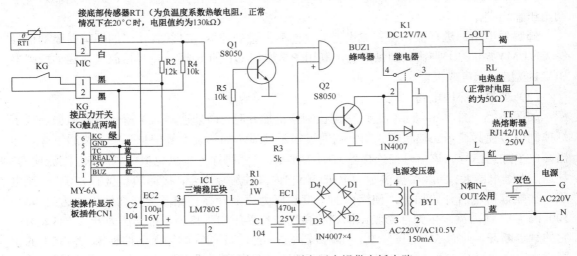

图 2-25　苏泊尔 DP-90 型电压力锅供电板电路

（2）微处理器电路

微处理器电路由微处理器 00A0210（IC1）、操作电路和显示电路等组成，如图 2-26 所示。

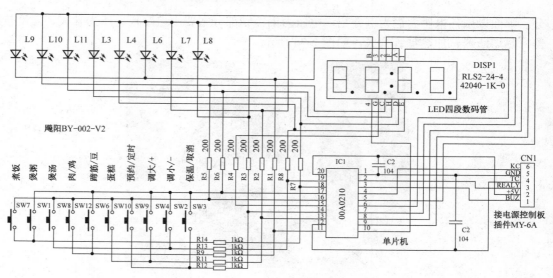

图 2-26　苏泊尔 DP-90 型电压力锅控制板电路

基本工作条件电路：当电源电路工作后，由它输出的 5V 电压经 C1 滤波后，加到微处理器 IC1 的⑳脚为它供电。IC1 得到供电后，它内部的振荡器产生时钟信号，该信号经分频后协调各部位的工作，并作为 IC1 输出各种控制信号的基准脉冲源。同时，IC1 内部的复位电路为存储器、寄存器等电路提供复位信号，使它们复位后开始工作。

操作显示电路：该操作键电路采用键扫描方式。微处理器 IC1 的⑪、⑬、⑭、⑯~⑲脚为键控信号输入端，不仅外接按键 SW1~SW4、SW6~SW10、SW12 和 R9、R11~R14 等组成按键电路，通过这些按键可以完成煮饭、煲粥、煲汤、肉/鸡、蹄筋/豆、蛋糕、预约/定时、调大/+、调小/–、保温/取消 10 种操作模式，而且还作为指示灯 L3、L4、L6~L11 和显示屏 DISP1 的驱动电压输出端，通过 R1~R8 限流后，低电平时驱动对应的发光二极管发光，并驱动数码管 DIS11 显示工作温度等信息。另外，⑤、⑨脚分别为发光二极管 L9~L11、L3、L4、L6~L8 的正极公共端，高电平驱动时对应发光二极管发光；⑥~⑧、⑩脚为显示屏驱动电压输出端。

蜂鸣器电路：进行操作或完成设置的功能后，微处理器 IC1③脚输出的蜂鸣器驱动信号经 CN1/MY-6A 的①脚输入到供电板，利用 R5 加到 Q1 的 b 极，经其相放大后驱动蜂鸣器 BUZ1 发出提示声或报警声。

（3）加热、保压电路

如图 2-25、图 2-26 所示，通过按键控制该机加热时，微处理器 IC1 第一路输出加热指示灯控制信号使其显示加热状态；第二路通过显示屏显示加热温度等信息；第三路通过②脚输出高电平加热信号。该信号经连接器 CN1/MY-6A 的③脚输入到供电板，利用 R3 限流使 Q2 导通，为继电器 K1 的线圈提供驱动电压，使它内部的触点闭合，接通加热盘的 220V 交流电压，加热盘得电后开始加热，使锅内的温度和压力逐渐升高。当温度升高使压力达到 90~100kPa 后，使内锅发生弹性膨胀，锅底的弹性膜片受压向下移动，推动压力开关 KG 动作，它的触点断开，此时 5V 电压经 R4 和连接器 MY-6A/CN1 的⑥脚输入到控制板，为 IC1 的④脚提供高电平电压，被 IC1 识别后执行保压程序，控制该锅进入保压状态。当保压程序结束后，进入保温状态。

（4）保温电路

进入保温状态后，微处理器 IC1 第一路输出控制信号使加热指示灯熄灭，第二路输出控制信号点亮保温指示灯，表明该压力锅进入保温状态，第三路从②脚输出低电平控制信号，使 Q2 截止，继电器 K1 的触点释放，加热盘停止加热。保温期间，当锅内温度低于 65℃时，温度传感器 RT1 的阻值增大，5V 电压经 R2、RT1 取样，C1 滤波后，为 IC1⑫脚提供的电压增大，IC1 将该电压与内部存储器存储的该电压对应的温度值比较后，从②脚输出高电平信号，如上所述，加热盘开始加热，当温度达到 75℃时 RT1 的阻值减小到设置值，为 IC1 的⑫脚提供的阻值减小，被 IC1 识别后，判断锅内温度达到要求，控制②脚输出低电平信号，加热盘停止加热。这样，锅内温度在 IC1、RT1 的控制下保持在 65～75℃。

（5）过热保护电路

一次性热熔断器 TF 用于过热保护。当继电器 K1 的触点粘连、驱动管 Q2 的 CE 结击穿等原因，导致加热盘加热温度过高。当加热温度达到 TF 的标称值后它熔断，切断市电输入回路，加热盘停止加热，实现过热保护。

（6）常见故障检修

不加热、指示灯不亮：该故障是由于供电线路、电源电路、微处理器电路异常所致。首先，检查电源插座有无 220V 左右电压输出，若没有，检修或更换电源插座及其线路；若电压正常，用电阻挡测量电压力锅的电源线插头两端阻值，若阻值为无穷大，说明电源线异常或电源变压器 BY1 的初级绕组开路，若电源线不正常，维修或更换即可；若 BY1 的初级绕组开路，维修或用相同的变压器更换即可。若测量电源线插头的阻值正常，说明电源电路或微处理器电路异常。此时，测 EC2 两端有无 5V 电压，若有，查微处理器电路；若没有，测 EC1 两端 12V 电压是否正常；若不正常，查 EC1、C1 和 D1～D4；若 EC1 两端电压正常，查 R1、EC2、LM7805。确认故障发生在微处理器电路时，首先，要检查微处理器 IC1 的供电是否正常，若不正常，查线路；若正常，查按键有无短路，若有，用相同的轻触开关更换即可；若正常，检查微处理器 IC1。

不加热、但指示灯亮：该故障主要是由于加热盘及其供电电路、电源电路、微处理器电路异常所致。

首先，按煮饭或煲粥键时，检查相应的指示灯能否发光，若不发光，检查微处理器 IC1④脚能否输入低电平的检测信号，若不能，检查压力开关 KG，若能，检查 IC1 和按键；若指示灯发光正常，说明加热盘或其供电电路异常。此时，测加热盘有无 220V 左右的交流电压，若有，说明加热盘开路；若没有供电，测驱动管 Q2 的 b 极有无导通电压输入，若有，检查 Q2、继电器 K1；若没有，检查微处理器 IC1②脚有无高电平电压输出，若没有，检查 IC1；若有，检查连接器 CN1、Q1、R3。

操作显示正常，但米饭煮不熟：操作、显示都正常，但米饭煮不熟，说明煮饭时间不足，导致加热温度过低所致。该故障的主要原因有：一是内锅或加热盘变形，二是放大管 Q2 的热稳定性能差，三是压力开关 KG 异常，四是继电器 K1 异常，五是微处理器 IC1 异常。

首先，检测内锅和加热盘是否变形，若内锅变形，校正或更换即可；若加热盘变形，则需要更换。确认它们正常后，在加热过程中，检测微处理器 IC1②脚电位是否提前降为低电平，若是，则检测④脚电位是否正常，若不正常，检查压力开关 KG 及其接线是否正常，若异常，维修或更换即可；若④脚电位正常，检查 Q2 和继电器 K1 即可。

【注意】加热盘变形，必须要检查继电器 K1 的触点是否不能释放，并且还要检查压力开关 KG 的触点是否粘连,以免加热盘再次过热损坏。

操作显示正常,但米饭煮糊:操作、显示都正常,但米饭煮糊,说明煮饭时间过长,导致加热温度过高所致。该故障的主要原因有:一是放大管 Q2 的 CE 结漏电;二是继电器 K1 的触点粘连;三是压力开关异常或 R4 的阻值开路;四是微处理器 IC1 异常。

首先,测 IC1②脚电位能否降为低电平,若能,检查 Q2 和继电器 K1;若不能,则检测 IC1④脚电位是否正常,若正常,检查 IC1;若异常,检查 R4 是否开路,若是,更换即可;若正常,检查压力开关 KG。

保温异常:该故障主要是由于温度传感器 RT1、R2、C1 或微处理器电路异常所致。

保温期间,测微处理器 IC1⑫脚输入的电压是否正常,若正常,检查 IC1;若异常,检查 C1、R2 是否正常,若异常,更换即可;若正常,检查温度传感器 RT1。

技能 3 电压力锅易损器件的拆装方法

下面以乐邦、美的典型电压力锅为例,介绍电压力锅易损器件的拆卸方法。

1. 密封圈的拆卸方法

乐邦电压力锅上盖内的密封圈拆卸方法如图 2-27 所示。更换密封圈时,首先轻轻用手拉出密封圈,再更换相同的密封圈即可。

图 2-27 乐邦电压力锅上盖内密封圈的拆卸

【注意】更换密封圈时要安装到位,以免密封不严。另外更换密封圈时不能拆卸钢丝箍,以免损坏密封圈。

2. 限压阀的拆卸方法

乐邦电压力锅上盖的限压阀的拆卸方法如图 2-28 所示。

第一步,用力拔掉限压阀的防堵罩,如图 2-28(a)所示;第二步,用钳子松动固定限压阀阀芯的螺母,如图 2-28(b)所示;第三步,用手拧掉固定限压阀阀芯的螺母,如图 2-28(c)所示;第四步,拔掉限压阀的阀门,如图 2-28(d)所示;第五步,拨动密封圈,如图 2-28(e)所示;取下的密封圈与限压阀阀芯,如图 2-28(f)所示。

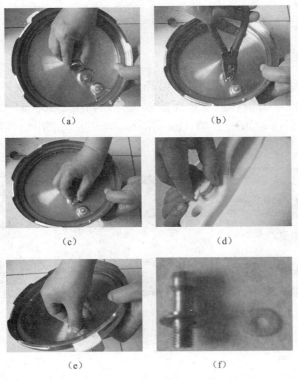

（a）　　　　　　　　（b）

（c）　　　　　　　　（d）

（e）　　　　　　　　（f）

图 2-28　乐邦电压力锅限压排气阀的拆卸

【注意】更换限压阀阀芯上的密封圈时要安装到位，以免密封不严，产生漏气的故障。

3. 浮子阀的拆卸方法

乐邦电压力锅浮子阀的拆卸方法如图 2-29 所示。

第一步，用尖嘴钳子松动固定浮子阀的螺母，如图 2-29（a）所示；第二步，用手拧掉固定浮子阀的螺母，如图 2-29（b）所示；第三步，取下浮子，如图 2-29（c）所示；取下的密封圈与浮子阀，如图 2-29（d）所示。

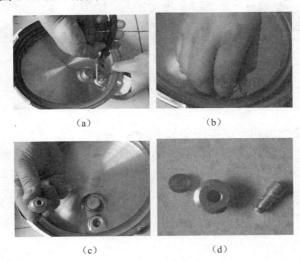

（a）　　　　　　　　（b）

（c）　　　　　　　　（d）

图 2-29　乐邦电压力锅浮子阀的拆卸

【注意】更换过压保护阀的密封圈时要安装到位，以免密封不严，产生漏气故障。

4. 锅盖自锁组件的拆卸

美的锅盖自锁组件的拆卸方法如图2-30所示。

第一步，用十字螺丝刀拆掉锅盖侧面的螺丝钉，如图2-30（a）所示；第二步，用一字螺丝刀或薄钢片翘起锅盖，如图2-30（b）所示；第三步，取出自锁组件，如图2-30（c）所示。

  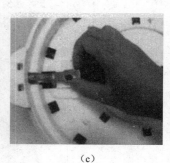

　（a）　　　　　　　　　　　　（b）　　　　　　　　　　　　（c）

图 2-30　美的电压力锅锅盖自锁组件的拆卸

5. 底盖的拆卸

美的电压力锅底盖的拆卸方法如图2-31所示。

第一步，用十字螺丝刀拆掉锅盖侧面的螺丝钉，如图 2-31（a）所示；第二步，用星字形螺丝刀拆掉底盖上的螺丝，如图 2-31（b）所示；逆时针方向旋转底盖就可以取下底盖，如图2-31（c）所示。

  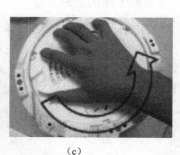

　（a）　　　　　　　　　　　　（b）　　　　　　　　　　　　（c）

图 2-31　美的电压力锅底盖的拆卸

6. 底座的拆卸

美的电压力锅底座的拆卸方法如图3-32所示。

第一步，拔掉控制板与电源板间的连接器，如图2-32（a）所示；第二步，掰开卡扣，如图2-32（b）所示；第三步，翻开电源板，如图2-32（c）所示；第四步，用十字螺丝刀拆掉固定底座的3颗螺丝，如图2-32（d）所示；第五步，拿起电源线，取下底座，如图2-32（e）所示；取下的底座如图2-32（f）所示。

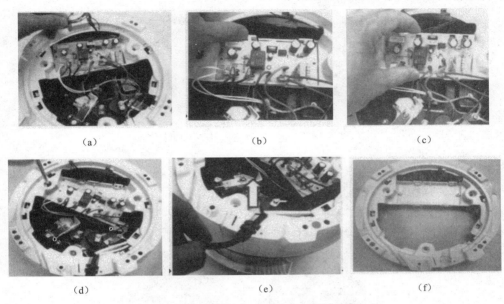

图 2-32　美的电压力锅底座的拆卸

【注意】盖上底座时，将控制板的排线从底座穿出后，再插入电源板。

7.　外壳组件的拆卸

美的电压力锅外壳组件的拆卸方法如图 2-33 所示。

第一步，用十字螺丝刀拆掉外壳的接地螺丝，如图 2-33（a）所示；第二步，取下外壳组件，如图 2-33（b）所示。

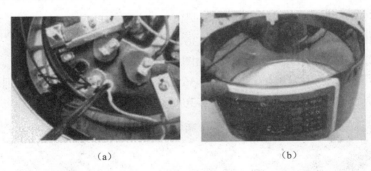

图 2-33　美的电压力锅外组件的拆卸

【注意】将外壳组件装入外壳时，要将图示的缺口的部位对应外壳罩上的微动开关。

8.　电源板的拆卸

美的电压力锅电源板的拆卸方法如图 2-34 所示。

第一步，用十字螺丝刀拆掉固定加热盘的接地螺丝，如图 2-34（a）所示；第二步，拔掉电源板上连接器的插头，如图 2-34（b）所示；取下的电源板如图 2-34（c）所示。

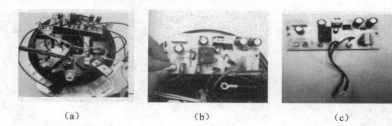

图 2-34　美的电压力锅电源板的拆卸

9．微动开关的拆卸

美的电压力锅微动开关的拆卸方法如图 2-35 所示。

第一步，将外壳罩向上提，将其从内锅中取出，如图 2-35（a）所示；第二步，掰开固定微动开关的锁扣，拔出微动开关即可，如图 2-35（b）所示。

图 2-35　美的电压力锅微动开关的拆卸

【注意】 安装外壳罩时，它的螺丝孔与外锅侧孔位置对齐后装入；安装微动开关时，应将外侧圆柱插入椭圆槽位。

10．隔热环的拆卸

美的电压力锅隔热环的拆卸方法如图 2-36 所示。

第一步，用一字小螺丝刀撬开把手盖，如图 2-36（a）所示，取下的把手盖如图 2-36（b）所示；第二步，用小螺丝刀捅出销钉，如图 2-36（c）所示，拆出后的销钉和把手如图 2-36（d）所示；在外锅上从下向上取出隔热环，如图 2-36（e）所示。

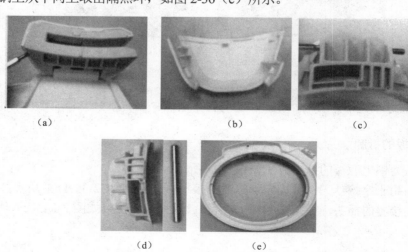

图 2-36　美的电压力锅隔热环的拆卸

【注意】安装把手盖时，先把它的 2 根筋骨与把手座的筋骨对齐后再扣紧；安装隔热环时，应让它和外锅的锅牙缺口部位对齐。

11. 压力开关的拆卸

美的电压力锅压力开关的拆卸方法如图 2-37 所示。

第一步，用十字螺丝刀拆掉底座上的 3 颗螺丝，如图 2-37（a）所示；第二步，用螺丝刀拆掉固定压力开关固定架上的 2 颗销钉，如图 2-37（b）所示；拆掉压力开关上的螺丝，如图 2-37（c）所示；拆下来的压力开关如图 2-37（d）所示。

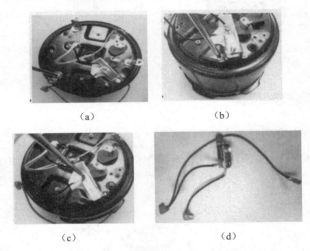

（a）　　　　　　　　　　　　　（b）

（c）　　　　　　　　　　　　　（d）

图 2-37　美的电压力锅压力开关的拆卸

【注意】安装压力开关时，应将它的固定螺丝拧紧，以免松动影响压力开关正常工作，产生锅内压力异常的故障。

12. 膜片、加热盘、温度传感器的拆卸

美的电压力锅温度传感器（限温器）、膜片的拆卸方法如图 2-38 所示。

第一步，用扳手拆掉 2 颗六角螺母，如图 2-38（a）所示；第二步，用十字螺丝刀拆掉固定膜片的 4 颗螺丝，如图 2-38（b）所示。拆掉膜片后，就可以看到加热盘，如图 2-38（c）所示；拆下来的温度传感器及其弹簧如图 2-38（d）所示。

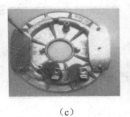

（a）　　　　　　　（b）　　　　　　　（c）　　　　　　　（d）

图 2-38　美的电压力锅膜片、加热盘、温度传感器的拆卸

【注意】安装温度传感器时，应将它的 2 个定位与加热盘的定位柱吻合后，才能装入外锅，否则会产生加热不正常的故障。

任务3　电炖锅/蒸炖煲/电紫砂锅故障检修

电炖锅也称为蒸炖煲，而采用紫砂内锅的电炖锅也称为电紫砂锅。它是炖肉、煲汤等理想的家用电热厨具，常见的蒸炖煲实物图如图 2-39 所示。

（a）普通蒸炖煲　　　　　　　　　　　　　　（b）电脑控制型蒸炖煲

图 2-39　蒸炖煲实物图

技能 1　普通电炖锅故障检修

1. 普通电炖锅的构成与作用

下面九阳 JYZS-K301/401/501/601 电炖锅为例介绍普通电炖锅的构成，该锅由把手（提手）、紫砂盖、紫砂胆（内锅）、导热锅（铝锅）、加热器、外壳、切换开关（功能开关）、底座等构成，如图 2-40 所示。

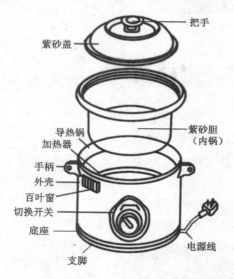

图 2-40　九阳 JYZS-K301/401/501/601 电炖锅的构成

切换开关用于功能选择；加热器得电后发热；导热锅用于导热，它将加热器产生的热量均匀、快速地传递给紫砂胆。

2. 典型普通电炖锅故障检修

下面以九阳 JYZS-K301/401/501/601 电炖锅电路主要由切换开关、加热器、保温板、温控器、指示灯构成，如图 2-41 所示。

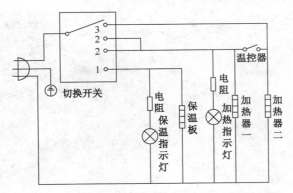

图 2-41 九阳 JYZS-K301/401/501/601 电炖锅电路

（1）电路分析

插好电源线，若将切换开关调整到 1 挡的保温位置后，市电电压不仅为小功率的保温板供电，使其开始低温加热，而且通过电阻限流使保温指示灯发光，表明该机处于保温加热状态；若将切换开关调整到 3 挡的高温加热位置后，市电电压通过切换开关为大功率加热器二供电；若将切换开关调整到 2 挡的自动加热位置后，市电电压第一路通过电阻为加热指示灯供电，使其发光，表明工作在加热状态；第二路为加热器一供电，使其加热；第三路通过温控器为加热器二供电，使其开始加热，当加热温度达到温控器设置值后，温控器的双金属片动作，使它的触点断开，加热器二停止加热。当温度下降到某一值时，温控器的双金属片复位，触点闭合，再次为加热器二供电，实现高温加热的自动控制。

（2）常见故障检修

九阳 JYZS-K301/401/501/601 电炖锅常见故障检修方法如表 2-4 所示。

表 2-4 九阳 JYZS-K301/401/501/601 电炖锅常见故障检修

故障现象	故障原因	故障检修
不加热，指示灯不亮	没有市电输入	测市电插座有无 220V 交流电压，若没有，维修插座及其线路；若有，检查电源线是否正常，若不正常，更换即可；若正常，检查锅内电路
	锅体上的电源插座损坏	维修或更换相同的插座
自动加热时过热	温控器的触点粘连	维修或更换
加热温度低	切换开关异常	维修或更换
	加热器或其供电线路异常	检查加热器的供电线路是否正常，若异常，维修或更换；若正常，更换加热器

技能 2 电脑控制型电炖锅故障检修

1. 电脑控制型电炖锅的构成与作用

下面以九阳 JYZS-M3525 型电炖锅为例介绍，该电炖锅由铝锅、底座、热熔断器、控制板、供电板、加热带、电源插座等构成，如图 2-42 所示。

053

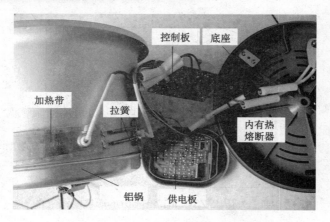

图 2-42　九阳 JYZS-M3525 型电炖锅

铝锅的作用是快速、均匀的导热，为紫砂胆（内锅）均匀的加热；加热带为铝锅加热，它由拉簧紧固；控制板安装在煲体的面板上，用于操作控制；供电板用于低压电源转换和加热带供电。

2. 典型电脑控制型电炖锅故障检修

下面以天际 DDZ-16A 电脑控制型电炖锅为例介绍电脑控制型电炖锅原理与故障检修方法。该电炖锅电路由电源电路、微处理器电路、加热电路等构成，如图 2-43 所示。

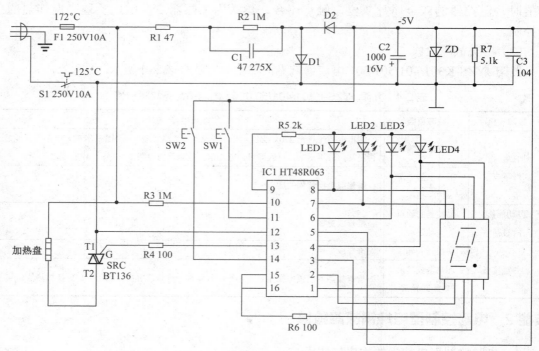

图 2-43　天际 DDZ-16A 电脑控制型电炖锅电路

（1）电源电路

220V 市电电压经热熔断器 F1 和温控器 S1 输入后，不仅通过双向晶闸管为加热盘供电，而且经 R1 限流，C1 降压，再利用 D1、D2 整流，C2 滤波，通过稳压二极管 ZD 稳压产生−5V 的直流电压。该电压一路为操作键电路供电，另一路加到微处理器 IC1（HT48R063）⑤脚为它供电。

（2）微处理器电路

微处理器电路由微处理器 IC1（HT48R063）为核心构成。

微处理器基本工作条件电路：该机的微处理器基本工作条件电路由供电电路、复位电路和时钟振荡电路构成。

当电源电路工作后，由它输出的 5V 电压经 C2、C3 滤波后，加到微处理器 IC1⑤脚为它供电。IC1 得到供电后，它内部的振荡器产生的时钟信号经分频后协调各部位的工作，并作为 CPU 输出各种控制信号的基准脉冲源。同时，内部的复位电路在开机瞬间为存储器、寄存器等电路提供复位信号，使它们复位后开始工作。

操作电路：由微处理器 IC1、操作键（S1、S2）、指示灯（LED1～LED4）、数码管显示屏构成。其中 SW1 为定时按键、SW2 为功能/开关按键；LED1 为快炖指示、LED2 为慢炖指示、LED3 为蒸炖指示、LED4 为保温指示；数码管显示屏用于显示定时时间等信息。

（3）加热电路

当锅内放入食物和适量的水，按 SW1 选择好时间，按 SW2 选择加热方式后，微处理器 IC1 第一路输出指示灯控制信号使 LED1 或 LED2 或 LED3 发光，表明该锅的工作状态；第二路通过显示屏显示定时时间等信息；第三路通过⑬脚输出加热触发信号。该信号经 R4 触发双向晶闸管 SRC 导通，接通加热盘的供电回路，加热带得电后开始加热，使锅内的温度逐渐升高。当加热时间达到设置的时间后，IC1 第一路控制⑬脚停止输出触发信号，SRC 过零截止，加热盘失去供电而停止加热；第二路输出控制信号使加热指示灯熄灭，第三路输出控制信号点亮保温指示灯 LED4，表明该锅进入保温状态。

（4）过热保护电路

过热保护功能由温控器 S1 完成。当双向晶闸管 SRC 击穿等原因使加热器的加热时间过长，导致加热温度达到 125℃后 S1 的触点断开，切断市电输入回路，加热带停止加热，实现过热保护。

该机为了防止过热保护器 S1 异常不能实现过热保护功能，还设置了一次性热熔断器 F1。当 SRC 击穿等原因使加热盘加热时间过长，并且在 S1 失效的情况下，导致加热温度达到 172℃时 F1 熔断，切断市电输入回路，实现过热保护。

（5）常见故障检修

天际 DDZ-16A 电脑控制型电炖锅常见故障检修方法如表 2-5 所示。

表 2-5　天际 DDZ-16A 电脑控制型电炖锅常见故障检修

故障现象	故障原因	故障检修
不加热，指示灯不亮	没有市电输入	测市电插座有无 220V 交流电压，若没有，维修插座及其线路；若有，检查电源线是否正常，若不正常，更换即可；若正常，检查锅内电路
	热熔断器 F1 熔断	检查双向晶闸管 SCR 和温控器 S1
	电源电路异常	在路测限流电阻 R1 是否开路，若是，在路检查 D1、D2、ZD、C2、C3 是否击穿，若是，更换即可；若 R1 正常，检查 C1 容量是否开路即可
	微处理器电路异常	首先，要检查微处理器 IC1 的供电是否正常，若不正常，查线路；若正常，查按键有无短路，若有，用相同的轻触开关更换即可；若正常，检查 IC1

故障现象	故障原因	故障检修
不加热，指示灯亮	加热器异常	测加热器供电正常，且阻值较大，则说明加热器损坏
	加热器供电电路	测双向晶闸管 SRC 的 G 极有无触发电压输入，若有，检查 SRC；若没有，检查 SW2、R4 和 IC1
不能定时器	定时键异常	在路检测 SW1 就可以确认是否正常，用相同的轻触开关更换即可
	微处理器 IC1 异常	更换 IC1 或相同的电路板

技能 3　电脑控制型电炖锅的拆装方法

下面以九阳 JYZS-M3525 型电炖锅为例介绍电炖锅的拆卸方法。

1. 底盖的拆卸

第一步，用钳子拆掉固定的螺母，如图 2-44（a）所示；第二步，移开底盖，如图 2-44（b）所示；取下铝锅底部螺丝上的套管（支架），如图 2-44（c）所示。

（a）　　　　　　　　　　（b）　　　　　　　　　　（c）

图 2-44　九阳 JYZS-M3525 型电炖锅底盖的拆卸

2. 供电板的拆卸

第一步，拆掉供电电源板盒的 2 颗螺丝，如图 2-45（a）所示；第二步，拆掉电源板上的固定螺丝，如图 2-45（b）所示；取下的电源板如图 2-45（c）所示。

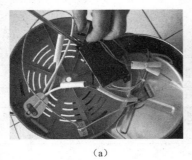
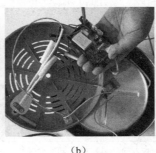

（a）　　　　　　　　　　（b）　　　　　　　　　　（c）

图 2-45　九阳 JYZS-M3525 型电炖锅电源板的拆卸

3. 控制板的拆卸

第一步，拆掉底座上接地线的螺丝，如图 2-46（a）所示；第二步，拆掉外壳侧面固定控制板盒的 2 颗螺丝，如图 2-46（b）所示；第三步，拆掉控制板盒上的 2 颗螺丝，如图 2-46（c）所示；第四步，取下控制板盒的后盖，如图 2-46（d）所示；第六步，取出控制板，如图 2-46（e）所示。

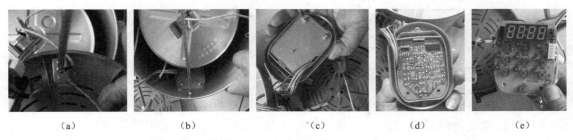

| (a) | (b) | (c) | (d) | (e) |

图 2-46　九阳 JYZS-M3525 型电炖锅控制板的拆卸

任务 4　吸油烟机故障检修

吸油烟机又称为抽油烟机、排油烟机、脱排油烟机等。它可直接吸走烹饪时产生的油烟、水蒸气等污染物，其排污率大于 90%，还可将分解的污油收集在集油杯中，便于清洗，且有美化厨房等优点，是家庭必备的小家电之一。常见的吸油烟机实物图如图 2-47 所示。

| (a) 近吸式 | (b) 欧式（T 型） | (c) 蒸汽式 | (d) 直吸式 |

图 2-47　常见的吸油烟机实物图

技能 1　普通吸油烟机的构成及主要器件功能

吸油烟机主要由机壳、功能开关、电动机、扇叶、照明挡板（挡光罩）、油网（集油罩）、集油盒（油杯）、止逆阀、排风管等组成，如图 2-48 所示。

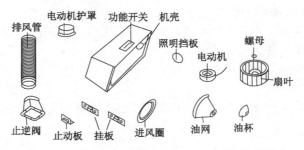

图 2-48　海尔 CXW-180-JS72/JS721 吸油烟机的构成

油网（集油罩）的功能是将吸入的油烟进行分离，将分离的油收集到集油盒（油杯）内，而将烟雾通过排风装置排出。

排风管、止逆阀、出风罩构成了一个简单有效的排风装置。排风管采用的是万向风管，吸油烟机与排风管连接的部位叫出风罩。止逆阀也叫止回阀，它不仅可以保证厨房内的油烟顺利排出，又能防止室外或公共烟道中的风通过管道吹入厨房。

电动机是吸油烟机的核心，它的好坏直接决定着吸油烟机的排风量、噪声指标。

功能开关多采用琴键开关，通过按键就可以控制吸油烟机工作在用户需要的状态。

【点拨】吸油烟机的电动机、琴键开关、启动电容的检测方法与电风扇的相同。排风管、止逆阀异常会产生排烟能力差的故障。止逆阀异常还会产生外部空气倒灌的故障。

技能2　普通双电动机型吸油烟机故障检修

普通双电动机型吸油烟机的电路构成基本相同，下面以粤宝 YP5-4D 型吸油烟机电路为例介绍此类吸油烟机电路原理与故障检修方法。该电路由风扇电动机 M1、M2，启动电容 C1、C2，熔断器 FU1～FU3，以及照明灯 EL、功能选择开关（琴键开关）SA 为核心构成，如图 2-49 所示。

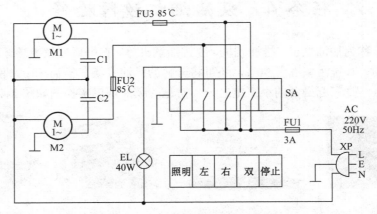

图 2-49　粤宝 YP5-4D 型吸油烟机电路

1．吸油烟电路

当使用一个燃气灶烹饪食品或油烟较少时，按下左风道键或右风道键，接通左风道电动机 M2 或右风道电动机 M1 的供电回路，M2 或 M1 在启动电容 C2 或 C1 的配合下开始运转，将油烟通过管路排出室外；使用两个燃气灶烹饪食品或油烟较多时按下双风道按键，M1 和 M2 同时转动，加大了抽油烟的能力。

风扇电动机运转期间，若按下停止键，会使各按键自动复位，照明灯熄灭、电动机停转，整机停止工作，进入关机状态。

2．照明灯电路

按下琴键开关 SA 内的照明灯按键，照明灯 EL 的供电回路被接通，EL 开始发光。

3．保护电路

FU1 是熔断器，当照明灯、电动机或运行电容发生短路产生大电流时，FU1 过流熔断，实现过流保护。

FU2、FU3 是温度熔断器。当电动机 M1、M2 或其运行电容异常使它们的温度升高并达到 85℃时，FU3 或 FU2 熔断，切断电动机供电线路，电动机停转，实现过热保护。

4．常见故障检修

普通双电动机型吸油烟机常见故障检修方法如表 2-6 所示。

表 2-6 普通双电动机型吸油烟机常见故障检修

故障现象	故障原因	故障检修
扇叶不转、照明灯不亮	没有市电输入	测市电插座有无 220V 交流电压，若没有，则维修插座及其线路
	熔断器 FU1 熔断	若 FU1 熔断，还应检查电动机、照明灯是否短路，以免更换后再次损坏
右风道风扇不转	右风道开关异常	通过测量触点是否接通或有无电压输出就可以确认它是否正常，若右风道开关异常，维修或更换即可
	熔断器 FU2 熔断	若 FU2 熔断，还应检查电动机 M2 和运行电容 C2，以免更换后再次损坏
	运行电容 C2 容量不足	用万用表 2μF 电容挡在路测量就可以确认，损坏后用相同的电容更换即可
	电动机异常	若电动机 M2 有正常的供电，并且运行电容 C2 也正常，则说明 M2 异常，维修或更换即可
右风扇电动机转动慢且噪声大	扇叶松动	断电时，通过晃动扇叶就可以确认它是否松动，重新紧固即可
	电动机 M2 轴承缺油	断电时，用手旋转扇叶时转动不灵活，则说明轴承缺油。此时，拆出转子后，清洗轴承并为滚珠涂上适量的润滑油即可
	运行电容 C2 容量不足	用万用表 2μF 电容挡在路测量 C2 就可以确认，损坏后用相同的电容更换即可
照明灯不亮	照明灯异常	通过查看灯丝和测量供电就可以确认它是否异常，若照明灯异常，维修或更换即可
	照明灯开关异常	通过测量触点是否接通或有无电压输出就可以确认它是否正常，若照明灯开关异常，维修或更换即可

【提示】电动机异常时还会产生电动机不转，有"嗡嗡"声的故障。因吸油烟机工作条件恶劣，所以吸油烟机出现漏油、吸力差的现象，有时通过清洗就可以排除故障。

技能 3 普通单电动机型吸油烟机故障检修

单电动机型吸油烟机采用了双速电动机。单电动机型吸油烟机电路基本相同，下面以方太 CXW-150-B2 系列深吸机械控制型吸油烟机电路为例介绍。该电路由双速电机、运行电容、熔断器 FU，以及照明灯、按键开关为核心构成，如图 2-50 所示。

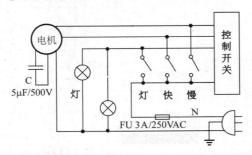

图 2-50 方太 CXW-150-B2 系列深吸机械控制型吸油烟机电路

1. 吸油烟电路

厨房的油烟较少时，按下慢速键，市电电压通过慢速键的触点为电机的低速供电端子供电，电机在运行电容 C 的配合下低速运转，将油烟排到室外。当油烟较多时按下快速键，市电电压通过快速键的触点为电机的高速供电端子供电，电机在启动电容（运行电容）C 的配合下高速运转，将油烟快速排到室外。

风扇电机运转时，再按一下该键，该键复位，风扇电机停转。

2．照明灯电路

按下照明灯按键，照明灯的供电回路被接通，照明灯开始发光。

3．过流保护电路

FU 是熔断器，当照明灯、电机或运行电容发生短路产生大电流时，FU 过流熔断，实现过流保护。

4．常见故障检修

该吸油烟机的常见故障包括：① 风扇不转、照明灯不亮；② 电机不运转，但照明灯亮；③ 低速运行正常，但不能高速运行。其中，前两个故障与普通吸油烟机一样，不同的是第三个故障。该故障的主要原因有：一是快速控制开关异常，二是运行电容 C，三是电机异常。按下快速键，用万用表的交流电压挡测量电机的高速运行端子有无供电，若有，检查运行电容 C 和电机；若没有，检查快速开关。

> 【提示】运行电容 C 容量不足时，可能会产生电机能低速运转，但不能高速运转的故障。而电机能高速运转，但不能低速运转时，则不需要检查启动电容。

技能 4　电脑控制型吸油烟机故障检修

华帝 CXW-200-204E 型吸油烟机电路由电源电路、微处理器电路、风扇电机及其供电电路、照明灯及其供电电路构成，如图 2-51 所示。

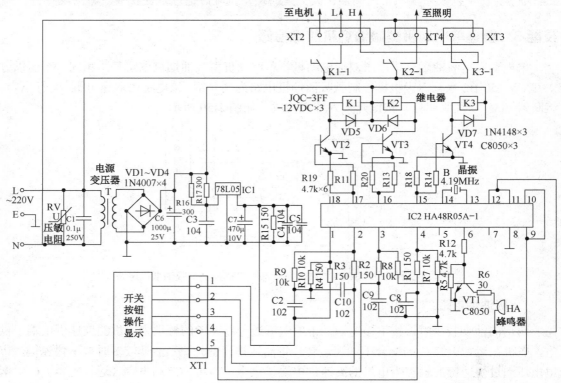

图 2-51　华帝 CXW-200-204E 型吸油烟机电路

1．电源电路

将电源插头插入市电插座后，220V 市电电压一路经继电器 K1～K3 为风扇电机、照明灯（图中未画出）供电；另一路通过电源变压器 T 降压输出 11V 左右的（与市电高低有关）交流电压。该电压经 VD1～VD4 构成的桥式整流器进行整流，通过 C6 滤波产生 12V 直流电压。12V 电压不仅为 K1～K3 的线圈供电，而且通过三端稳压器 IC1（78L05）稳压产生 5V 直流电压。5V 电压通过 C4、C5、C7 滤波后，为微处理器 IC2（HA48R05A-1）、蜂鸣器供电。

RV 是压敏电阻，市电电压正常、没有雷电时 RV 相当于开路，不影响电路的工作；一旦市电电压升高或有雷电时，它的峰值电压超过 470V 后 RV 击穿，使空气开关跳闸或熔断器熔断，以免电源变压器、风扇电机、照明灯等元器件过压损坏，实现市电过压保护。

2．微处理器电路

（1）微处理器工作条件

① 供电：5V 电压经电容 C7、C5 滤波后加到微处理器 IC2（HA48R05A-1）的供电端⑫脚为它供电。

② 时钟振荡：IC2 得到供电后，它内部的振荡器与⑬、⑭脚外接的晶振 B 通过振荡产生4.19MHz 的时钟信号，该信号经分频后协调各部位的工作，并作为 IC2 输出各种控制信号的基准脉冲源。

③ 复位：5V 电压还作为复位信号加到 IC2 的⑪脚，使它内部的存储器、寄存器等电路复位后开始工作。

（2）按键及显示

微处理器 IC2 的①～④、⑨脚外接操作键和指示灯电路，按压操作键时，IC2 的①～④、⑨脚输入控制信号，被它识别后，就可以控制该机进入用户需要的工作状态。

（3）蜂鸣器控制

微处理器 IC2 的⑥脚是蜂鸣器驱动信号输出端。每次进行操作时，它的⑥脚就会输出蜂鸣器驱动信号。该信号通过 R12 限流，再经 VT1 倒相放大，驱动蜂鸣器 HA 鸣叫，提醒用户吸油烟机已收到操作信号，并且此次控制有效。

3．照明灯电路

该机照明灯电路由微处理器 IC2、照明灯操作键、继电器 K2 及其驱动电路、照明灯（图中未画出）构成。

按照明灯控制键被 IC2 识别后，它的⑯脚输出高电平电压。该电压经 R13 限流使激励管 VT3 导通，为继电器 K2 的线圈供电，使 K2 内的触点闭合，接通照明灯的供电回路，使其发光。照明灯发光期间，按照明灯键后 IC2 的⑯脚电位变为低电平，使 K2 内的触点释放，照明灯熄灭。

二极管 VD6 是保护 VT2 而设置的钳位二极管，它的作用是在 VT2 截止瞬间，将 K2 的线圈产生的尖峰电压泄放到 12V 电源，以免 VT2 过压损坏，实现过压保护。

4．电机电路

该机电机电路由微处理器 IC2，电机风速操作键，继电器 K1、K3 及其驱动电路、电机（采用的是电容运行电机，在图中未画出）构成。电机风速操作键具有互锁功能。

按高风速操作键被 IC2 识别后，它的⑰脚输出低电平控制信号，⑮脚输出高电平控制信号。⑰脚为低电平时 VT2 截止，继电器 K1 不能为电机的低速端子供电。而⑮脚输出的高电平控制电压通过 R14 限流，使 VT4 导通，为继电器 K3 的线圈提供导通电流，使它内部的触点闭合，为电机的高速端子供电，电机在运行电容的配合下高速运转。

按低风速操作键被 IC2 识别后，它的⑰脚输出高电平控制信号，⑮脚输出低电平控制信号。⑮脚为低电平时 VT4 截止，继电器 K3 不能为电机的高速端子供电。而⑰脚输出的高电平控制电压通过 R11 限流，使 VT2 导通，为继电器 K1 的线圈提供导通电流，使它内部的触点闭合，为电机的低速端子供电，电机在运行电容的配合下低速运转。

二极管 VD5、VD7 是钳位二极管，它的作用是在 VT2、VT4 截止瞬间，将 K1、K3 的线圈产生的最高电压钳位到 12.5V，以免 VT2、VT4 过压损坏。

5. 常见故障检修

（1）用户家的空气开关跳闸

该故障是由于电阻 RV、高频滤波电容 C1 击穿，或电机、照明灯异常。

首先，检查照明灯是否短路，若是，更换即可；若照明灯正常，检查 RV 和 C1 的表面有无裂痕，若有，说明 RV、C1 击穿；若 RV、C1 正常，检查电机。

（2）不排烟，也没有显示

该故障是由于供电线路、电源电路、微处理器电路异常所致。

首先，用交流电压挡测电源插座有无市电电压，若没有，检查电源线和电源插座；若有，用电阻挡测量该机电源插头两端阻值，若阻值为无穷大，说明电源线或电源变压器 T 的一次绕组开路，拆开该机的外壳后，测变压器 T 的一次绕组两端的阻值是否正常，若正常，说明电源线开路；若阻值仍为无穷大，说明 T 的一次绕组开路。若测量电源插头的阻值正常，说明电源电路或微处理器电路异常。此时，测量 C7 两端有无 5V 电压，若有，查微处理器电路；若没有，测 C6 两端电压是否正常；若不正常，查 T、C6 和 VD1～VD4；若 C6 两端电压正常，查稳压器 78L05、C7、C4 和负载。确认故障发生在微处理器电路时，首先，要检查微处理器 HA48R05A-1 供电是否正常，若不正常，查线路；若正常，检查按键开关和晶振 B 是否正常，若不正常，更换即可；若正常，检查 HA48R05A-1 即可。

（3）电机始终不运转，但照明灯亮

电机始终不运转，但照明灯亮，说明操作键、电机、运行电容、继电器或微处理器异常。

首先，确认电机能否发出"嗡嗡"声，若有，说明电机有供电，首先用电容挡测量启动电容是否正常，若不正常，更换即可。若电容正常，则检查电机的转子旋转是否灵活，若不是，维修或更换电机；若是，测量绕组阻值是否正常，若不正常，维修或更换电机。若电机不能发出"嗡嗡"声，测电机有无供电，若有，维修或更换电机；若没有供电，检查操作键和微处理器。

（4）电机不能低速运转

如果电机仅不能低速运转，说明继电器 K1、低速控制键、微处理器 HA48R05A-1 异常。

首先，按低速操作键时，用万用表交流电压挡测电机低速供电端子有无电压输入，若有，维修或更换电机；若没有，用直流电压挡测放大管 VT2 的 b 极有无导通电压，若有，查 VT2 和继电器 K1；若没有，测⑰脚有无驱动电压输出，若有，检查 R11、VT2；若没有，检查低速操作键和 CPU。

【提示】电机不能高速运转故障的检修方法相同，只是所检查的元器件不同。

（5）通电后电机就高速运转

该故障主要是由于继电器 K3 的触点粘连，放大管 VT4 的 CE 结击穿、高速操作键漏电、微处理器异常所致。首先，用数字万用表的二极管/通断测量挡或指针万用表的 R×1 挡在路测 K1、VT4、高速操作键是否异常；若异常，更换即可；若正常，更换微处理器。

（6）电机运转，但照明灯不亮

电机运转，照明灯不亮，说明照明灯或其供电电路异常。

首先，检查照明灯是否损坏，若是，更换即可排除故障；若正常，说明照明灯供电电路异常。此时，按照明灯操作键时测 CPU 的⑯脚能否输出高电平电压，若不能，检查照明灯操作键和 CPU；若能，用直流电压挡测继电器 K2 的线圈有无供电，若有，检查 K2 及其触点所接线路；若没有，检查驱动管 VT3 和 R13。

技能 5　吸油烟机主要部件的拆卸、清洗与更换

吸油烟机因工作环境特殊，吸油烟效果差等故障时，清洗后就可以排除故障。下面以海尔 CXW-200-C900/C901/C903C3 型吸油烟机为例介绍。

1．油网的拆卸与清洗

一是每日使用吸油烟机后，都应擦洗油网外表面，而油网内表面应每星期清洗一次。

二是参见图 2-52，拧开油网的固定螺丝，将油网后侧向下倾斜 45°再向后推，就可以拿下油网。

三是清洗油网最好用温水浸泡一段时间，将油网用抹布擦拭干净，再用清水冲洗一遍即可。

图 2-52　海尔 CXW-200-C900/C901/C903C3 型吸油烟机油网的拆卸

2．叶轮的拆卸与清洗

建议三个月清洗叶轮一次。

一是按清洗油网方式拆下导烟板和油网（图 2-52）。

二是拧下内油网的螺钉，如图 2-53（a）所示；取下油网，如图 2-53（b）所示。

（a）　　　　　　　　　　　（b）

图 2-53　海尔 CXW-200-C900/C901/C903C3 型吸油烟机内油网的拆卸

三是拧下进风圈螺钉，如图 2-54（a）所示；取下进风圈，如图 2-54（b）所示。

（a） （b）

图 2-54　海尔 CXW-200-C900/C901/C903C3 型吸油烟机内风圈的拆卸

四是顺时针旋下固定叶轮的螺母，如图 2-55（a）所示；再取下叶轮，如图 2-55（b）所示。

五是清洗叶轮时应特别小心，不能碰撞或丢掉叶片上的配重卡夹，如图 2-55（c）所示，以免叶轮的动平衡变差，造成整机振动，噪声增大。

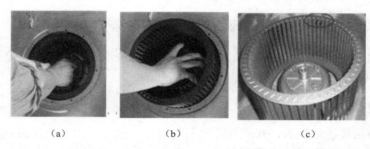

（a） （b） （c）

图 2-55　海尔 CXW-200-C900/C901/C903C3 型吸油烟机叶轮的拆卸

3．电动机的拆卸

一是用十字形螺丝刀和 Y 形螺丝刀将固定电源盒盖的 4 个螺钉逆时针方向旋下，如图 2-56（a）所示；并取下电源盒盖后，拆掉电动机的连接线压线帽，并拔掉运行电容引脚上的两个插片，而感应开关需取下电板上的插片，如图 2-56（b）所示。

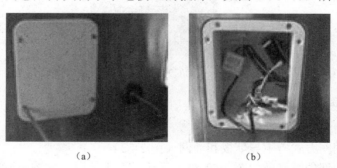

（a） （b）

图 2-56　海尔 CXW-200-C900/C901/C903C3 型吸油烟机电源盒、电动机连线的拆卸

【提示】如果运行电容损坏，需要更换时，拔掉它引脚的插片，并用螺丝刀拆掉它的固定螺丝后，更换并复原即可。

【注意】插片上有自锁件，需打开自锁件，才能取下插片。

二是拧下正面固定电动机的 4 颗螺钉，如图 2-57（a）所示；再拧下顶板上的电动机接地螺丝，如图 2-57（b）所示；随后从蜗壳内取出电动机，如图 2-57（c）所示。

（a） （b） （c）

图 2-57　海尔 CXW-200-C900/C901/C903C3 型吸油烟机电动机的拆卸

【注意】电动机的电源线从蜗壳内穿出，取电动机时要小心。而安装电动机时要对准皮垫孔，应对角固定电动机螺丝，以免装偏。

4．蜗壳的拆卸

一是按图 2-57 所示的方法拆掉电动机。

二是用十字形螺丝刀逆时针拧下正面进风口的 3 个螺丝，如图 2-58（a）所示；拆掉顶板的 8 个出风口皮垫螺丝，如图 2-58（b）所示；再拆掉风道口的 4 个风道螺丝，如图 2-58（c）所示。最后，从反面将蜗壳取出即可。

（a） （b） （c）

图 2-58　海尔 CXW-200-C900/C901/C903C3 型吸油烟机蜗壳的拆卸

5．琴键开关的拆卸

一是用十字形螺丝刀拆下固定开关后挡板螺钉，如图 2-59（a）所示；断开开关与线路的连接器，如图 2-59（b）所示；用十字螺丝刀拆下固定开关的两个螺丝，取下琴键开关，如图 2-59（c）所示。

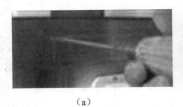

（a） （b） （c）

图 2-59　海尔 CXW-200-C900 型吸油烟机琴键开关的拆卸

【注意】连接器采用卡扣方式，插拔时先按下卡口，不能用力过猛，以免损坏。另外，螺丝不要掉进集烟罩内，并且小心手被开关口的薄铁皮划伤。

二是将相应的开关支架换到新的开关上，如图 2-60（a）所示；用相应螺丝固定，如

图 2-60（b）所示。

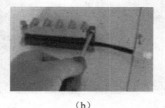

（a）　　　　　　　　　　　（b）

图 2-60　海尔 CXW-200-C900 型吸油烟机琴键开关的拆卸

【注意】更换开关时方向不要搞错。

任务 5　电磁炉故障检修

技能 1　典型电磁炉的构成

下面以美菱 CC16-B 型电磁炉为例介绍电磁炉的构成，该机由上盖、底壳、直流电动机（风扇电动机）、扇叶、主电路板、操作控制板、微晶板、炉面温度传感器、电源线等构成，如图 2-61 所示。

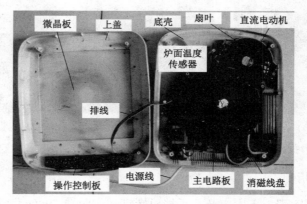

图 2-61　美菱 CC16-B 型电磁炉的构成

技能 2　电磁炉典型元器件识别与检测

1. IGBT

IGBT(Insulated Gate Bipolar Transistor)译为绝缘栅双极型晶体管，是由 BJT(双极型三极管)和 MOS(绝缘栅型场效应管)组成的复合全控型电压驱动式功率半导体器件，IGBT 将场效应管的开关速度快、高频特性好、热稳定性好、功率增益大及噪声小等优点与双极型大功率三极管的大电流低导通电阻特性集于一体，是性能较高的高速、高压半导体功率器件。

（1）特点

IGBT 具有的特点：一是电流密度大，是场效应管的数十倍；二是输入阻抗高，栅极驱动功率极小，驱动电路简单；三是低导通电阻；四是击穿电压高，安全工作区大，在瞬态功率较大时不容易损坏；五是开关速度快，关断时间短，所以 IGBT 广泛应用在电磁炉等电子产品中。它的实物外形和电路符号如图 2-62 所示。

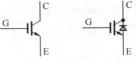

没有阻尼二极管　　　有阻尼二极管

(a) 实物外形　　　　　　　　　　　　(b) 电路符号

图 2-62　IGBT 管

如图 2-62（b）所示，IGBT 的 G 极和场效应管一样，是栅极或控制极，C、E 极和普通三极管一样，C 极是集电极，E 极是发射极。

（2）IGBT 的主要参数

IGBT 的主要参数和大功率三极管基本相同，主要的参数是 BV_{ceo}、P_{CM}、I_{CM} 和 β。其中，BV_{ceo} 是最高反向电压，它表示 IGBT 的集电极与发射极之间最高反向击穿电压；I_{CM} 是最大电流，它表示 IGBT 的集电极最大输出电流；P_{CM} 是最大耗散功率，它表示 IGBT 的集电极最大耗散功率；β 是 IGBT 的放大倍数。

【提示】电磁炉的功率逆变管应选取 $BV_{ceo} \geqslant 1000V$、$I_{CM} \geqslant 7A$、$P_{CM} \geqslant 100W$、$\beta \geqslant 40$ 的 IGBT。

（3）IGBT 的检测

测量 IGBT 时需使用数字万用表的二极管挡（PN 结导通压降测量挡）。下面以 GT40Q321 为例介绍 IGBT 的检测方法。

在路检测后怀疑 IGBT 异常或购买 IGBT 时需要对 IGBT 采用非在路检测。下面以常见的 GT40Q321 为例进行介绍。由于 GT40Q321 内置阻尼管，所以测量它的 C、E 极间的正向导通压降为 0.464，如图 2-63（a）所示；C、E 极间的反向导通压降或其他极间的正、反向导通压降都为无穷大，如图 2-63（b）所示。

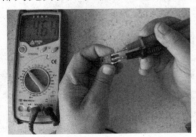

(a) 红笔接 E 极、黑笔接 C 极的导通压降　　　　　(b) 其他极间的导通压降

图 2-63　IGBT 的非在路检测

【提示】测量不含阻尼管的 IGBT 时，它的三个极间电阻均应为无穷大。若在路检测时，三个极间的阻值都不正常，说明功率管异常；若 C、E 两个极间阻值异常，说明外接元件异常。部分资料介绍 N 沟道型场效应管和大功率双极型三极管构成的 IGBT 也可采用和 N 沟道型场效应管一样的触发导通方法进行测试，实际验证该方法行不通。

（4）IGBT 的更换

维修中，IGBT 的代换应选相同品牌、相同型号的 IGBT 管，若没有相同型号的 IGBT，要选用参数、外形及引脚相同或相近的 IGBT 管代换。另外，采用有二极管（阻尼管）的 IGBT

代换没有阻尼管的 IGBT 时应拆除电路板上的阻尼管，而采用没用阻尼管的 IGBT 代换有阻尼管的 IGBT 时应在它的 C、E 极的引脚上加装一只阻尼管。

2. 电磁线盘

电磁线盘也称为加热线盘，简称线盘。电磁线盘的作用就是产生磁场，当磁场内的磁力线通过铁质锅底时，会产生无数的涡流，从而使锅具本身快速发热对锅内食物进行加热。

（1）构成

电磁线盘由线圈（谐振线圈）、圆盘骨架和磁条三部分构成，如图 2-64 所示。圆盘骨架采用塑料注塑而成，它的外形与车轮相似，有六条轮辐，每条轮辐上有安装铁氧体磁条的通槽。磁条的作用是用来会聚磁力线，以免磁力线外泄而产生辐射。线圈采用高强度漆包线组成的绞合线，在圆盘骨架上由内至外顺时针平绕 32 匝，形成横截面为 2mm，电感量为 137μH、140μH、210μH 等多种的线圈。

（2）检测

检测谐振线圈时，将万用表置于 200Ω 电阻挡，表笔接在线圈的两个引脚上，就可以测出线圈的阻值，如图 2-65 所示。若阻值过大，说明线圈开路；若阻值过小，说明线圈短路。而匝间短路用万用表的电阻挡一般测不出来，最好采用代换法进行判断。

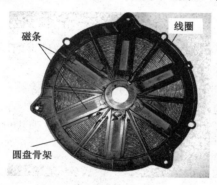

磁条　　线圈

圆盘骨架

图 2-64　电磁线盘构成示意图

图 2-65　电磁线盘的检测示意图

【提示】虽然检测时，数字万用表显示的数值是 1.6，实际的阻值是 0。这也是数字万用表的缺陷之一，表即使测量导线也会显示一定数值。另外，打火的电磁线盘多会有变色或损伤的痕迹。

【注意】更换谐振线圈时不仅要采用相同参数的谐振线圈更换，而且引出线要连接正确，否则不仅可能会影响加热速度，而且可能会产生检锅不正常等故障。

技能 3　LM339 为核心构成的电磁炉故障检修

下面以美的 MC-IH-MAIN/V00 标准板构成的电磁炉为例来介绍，美的 MC-IH-MAIN/V00 标准板构成的电磁炉型号较多，并且极具代表性。该机主板电路由市电滤波、300V 供电电路、主回路（谐振回路）、驱动电路、电源电路、保护电路等构成，如图 2-66 所示。

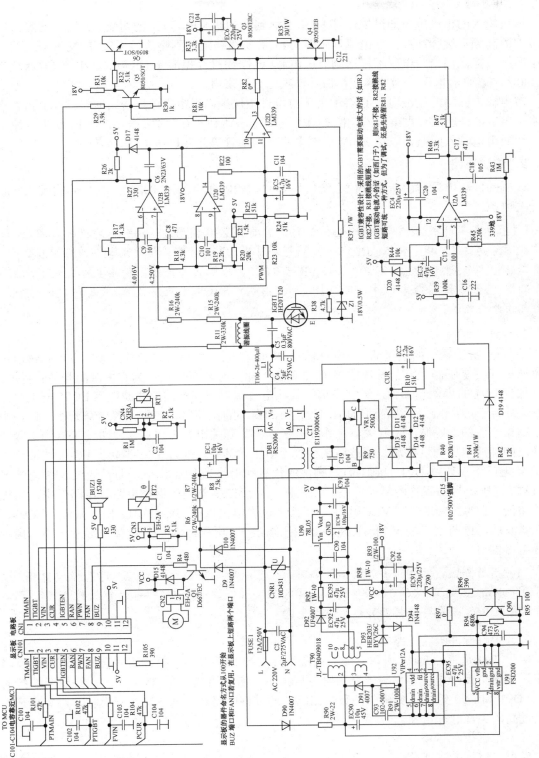

图 2-66 美的 SH208/SH2115 型电磁炉主板电路

1．市电滤波、300V 供电电路

该机输入的市电电压通过熔丝管 FUSE1 加到高频滤波电容 C3 的两端，通过它滤除市电电网中的高频干扰脉冲后，经电流互感器 CT1 的初级绕组加到整流堆 DB1 的交流输入端，市电经桥式整流输出的电压不仅送到低压电源电路，而且经扼流圈 L1 和滤波电容 C4 滤波产生 300V 左右直流电压，为功率变换器（谐振回路）供电。

市电输入回路的压敏电阻 CNR1 用于市电过压保护。当市电电压正常时，CNR1 相当于开路；当市电过压或有雷电输入，使 CNR1 两端电压达到 470V 时它击穿，使 FUSE1 过流熔断，切断市电输入回路，以免 300V 供电电路、功率管等元件过压损坏。

2．电源电路

该机的低压电源是由新型绿色电源模块 U92（VIPer12A 或 FSD200）为核心构成的并联型开关电源。

> **【提示】**若开关电源采用 VIPer12A 时，需要将 Z90 换用 18V/0.5W 的稳压二极管，并且不需要安装 Q90、R95、R94、R97；若采用 FSD200 时需要将 Z90 换用 15V/0.5W 稳压二极管，并且需要安装 Q90、R94、R95、R97，否则开关电源因稳压电路失效不能正常工作，甚至导致 U92 等元件损坏。VIPer12A 构成的开关电源应用较多，下面介绍 FSD200 构成的开关电源。

（1）功率变换

整流堆 DB1 输出的电压通过 D90 隔离、R90 限流，EC90 滤波产生 300V 电压。该电压不仅通过开关变压器 T90 的一次绕组（1-2 绕组）加到 U91 的⑦脚，为它内部的开关管供电，而且加到 U91 的启动端⑧脚，经它内部的高压电流源对⑤脚外接的滤波电容 EC95 充电。当 EC95 两端建立的电压达到启动值后，U91 内的内部的振荡器、控制器等电路开始工作，由该控制器产生的激励脉冲使开关管工作在开关状态。开关电源工作后，便通过 T90 的次级绕组输出的脉冲电压通过整流、滤波后获得直流电压。其中，通过 D93 整流，EC91 滤波产生的 18V 电压不仅通过 D94 加到 U91⑤脚，取代启动电路为 U91 供电，而且通过 R93 限流产生 18V 电压，为功率管的驱动电路、振荡器、同步控制电路、保护电路等电路供电；通过 D92 整流，EC92 滤波产生 VCC 电压，不仅为风扇电机供电，而且通过 R92 限流，EC93、C90 滤波后，再通过三端 5V 稳压器 U90 稳压输出 5V 电压，为 CPU、操作显示电路、指示灯等电路供电。

> **【提示】**若 5V 供电的负载电流较小时，也可以不安装 D92、EC92、R92，而 5V 稳压器的供电由 EC91 两端的 18V 供电通过 R98 限流后提供；若 5V 供电的负载的电流较大，则不安装 R98 而需要安装 D92、EC92、R92。

（2）尖峰脉冲吸收电路

由于 T90 是感性元件，所以它的一次绕组在 U92 内的开关管截止瞬间会产生较高的反峰电压，而这个反峰电压容易导致开关管过压损坏，所以该电源在 T90 的一次绕组两端接的 R91、D91 和 C93 组成了尖峰脉冲吸收回路，通过该电路对尖峰脉冲进行吸收，避免了开关管被过高的尖峰脉冲击穿。

（3）稳压控制电路

当市电电压升高或负载变轻引起开关电源输出电压升高时，滤波电容 EC91 两端升高的电压使稳压二极管 Z90 击穿导通加强，再通过 R96、R95 取样后为误差放大器 Q90 的 b 极提供的电压升高，致使 Q90 导通加强，为 U91④脚提供的误差电压下降，被 U91 内部电路处理

后，使开关管导通时间缩短，开关变压器 T90 存储的能量下降，开关电源输出电压降到正常值，实现稳压控制。反之，稳压控制过程相反。

3. 待机/开机控制电路

接通电源，待 CPU 电路工作后，CPU 不仅输出蜂鸣器驱动信号，该信号通过 CN1 的⑨脚进入主板，驱动蜂鸣器 BUZ1 鸣叫一声，而且输出控制信号使控制指示灯和显示屏发光，同时它输出的低电平的功率管使能控制信号通过 CN1 的⑤脚进入主板，该信号通过 R31 使 Q5 截止，Q6 导通，使 Q4 导通、Q3 截止，致使功率管 IGBT1 截止，该机处于待机状态。

电磁炉在待机期间，按下面板上的"开/关"键后，CPU 从存储器内调出软件设置的默认工作状态数据，一是控制操作显示屏显示电磁炉的工作状态；二是它输出的功率管使能控制信号通过连接器 CN101/CN1 的⑤脚进入主板，经 R29 加到 Q5 的 b 极使它导通，致使 Q6 截止，解除对功率管驱动电路的关闭控制；三是它输出的高电平风扇运转控制信号通过 CN101/CN1 的 FAN 端子进入主板，经 R4 限流，再经 Q1 倒相放大，驱动风扇电机旋转，对散热片进行强制散热，以免功率管过热而不能正常使用。

D15 是用于保护 Q1 的钳位二极管。Q1 截止后，电机绕组将在 Q1 的 c 极上产生较高的反峰电压，该电压通过 D15 泄放到电源 VCC，避免了 Q1 过压损坏。

4. 锅具检测电路

开机后，CPU 输出的启动脉冲通过 CN101/CN1 的 PAN 端子⑥脚进入主板，利用 R27、C6 耦合到 U2D⑩脚，通过 U2D 比较放大后从它的⑬脚输出，再通过 Q3、Q4 推挽放大，经 R37 限流驱动功率管 IGBT1 导通。IGBT1 导通后，线圈和谐振电容 C5 产生电压谐振。谐振线圈与 C5 工作在电压谐振状态后，C5 左端产生的脉冲电压通过 R11、R17 取样后加到 U2B ⑥脚，它右端的脉冲通过 R15、R16、R18、R19 取样后加到 U2B⑦脚，经 U2B 比较放大后从①脚输出 PAN 脉冲，该脉冲通过 CN1/CN101 送到 CPU。

当炉面上放置了合适的锅具，因有负载使流过功率管的电流增大，电流检测电路产生的取样电压 CUR 较高，被 CPU 检测后，CPU 输出的功率调整信号的占空比增大，该信号通过 CN101/CN1 的 PWM 端子⑦脚进入主板，使功率管导通时间延长，所以主回路的工作频率降低，PAN 脉冲在单位时间内降低到 3～8 个，被 CPU 检测后判断炉面已放置了合适的锅具，于是控制 PWM 端输出可调整的功率调整信号，电磁炉进入加热状态。反之，判断炉面未放置锅具或放置的锅具不合适，控制电磁炉停止加热，CPU 输出的报警信号通过 CN101/CN1 的 BUZ 端子⑨脚进入主板，经 R5 驱动蜂鸣器 BUZ1 发出警报声，同时 CPU 还控制显示屏显示故障代码"E0"，提醒用户未放置锅具或放置的锅具不合适。

5. 同步控制、锯齿波脉冲形成电路

该机同步控制、振荡电路由谐振脉冲取样电路、U2（LM339）内的一个比较器 U2B、定时电容 C6、定时电阻 R28 和取样电路等构成。

电压取样电路由 R11、R15～R19 构成，由它对谐振线圈两端产生的脉冲电压进行取样，产生的取样电压加到比较器 U2B 的反相输入端⑥脚和同相输入端⑦脚。开机后，CPU 输出的启动脉冲使功率管 IGBT1 导通期间，谐振线圈产生左正、右负的电动势，使 U2B 的⑥脚电位高于它的⑦脚电位，经 U2B 比较后使它的①脚电位为低电平，通过 C6 将 U2D⑩脚电位钳位到低电平，使 U2D 的⑬脚输出高电平电压，使 Q3 导通、Q4 截止，从 Q3 的 e 极输出的电压通过 R37 限流使 IGBT1 继续导通，同时 18V 电压通过 R28、C6 和 U2B①脚内部电路构成的充电回路为 C6 充电，产生锯齿波脉冲的上升沿。当 C6 右端所充电压高于 U2D⑪脚电位后，U2D⑬脚输出低电平电压，Q3 截止、Q4 导通，通过 R37 使 IGBT1 迅速截止，流过谐振

线圈的导通电流消失，谐振线圈通过自感产生右正、左负的电动势，使 U2B 的⑦脚电位高于⑥脚电位，致使 U2B 的①脚内部电路开路，于是 C6 两端电压通过 D17、R26、R27 构成的回路放电，从而产生锯齿波脉冲的下降沿。功率管截止后，无论谐振线圈对谐振电容 C5 充电期间，还是 C5 对谐振线圈放电期间，谐振线圈的右端电位都会高于左端电位，使 U2B⑥脚电位低于⑦脚电位，IGBT1 都不会导通。只有谐振线圈通过 C4、IGBT1 内的阻尼管放电期间，使 U2B⑥脚电位高于⑦脚电位，致使它的①脚电位变为低电平，C6 会再次被充电，重复以上过程，该电路不仅实现功率管的零电压开关控制（即同步控制），而且通过控制 C6 充放电在它右端产生锯齿波脉冲，也就是振荡器脉冲。

【提示】由于 C6 充电采用了 18V 电压通过电阻完成，而它的放电通过 5V 电源构成的回路完成，所以产生的锯齿波波形较好，大大降低了功率管的故障率。

6. 功率调整电路

该机的功率调整电路由 CPU 和 PWM 比较器 U2D(LM339)等构成。

（1）手动调整

需要增大输出功率时，CPU 输出的功率调整信号占空比增大，该信号通过连接器 CN101/CN1 的 PWM 端子⑦脚进入主板，通过 R23、EC5 和 C11 平滑滤波产生直流的控制电压升高。该电压加到比较器 U2D 的同相输入端⑪脚，而 U2D 的反相输入端⑩脚输入的是锯齿波信号，所以 U2D⑬脚输出激励脉冲的高电平时间延长，再通过 Q3、Q4 推挽放大后，使功率管 IGBT1 导通时间延长，为谐振线圈提供的能量增大，电磁炉输出的功率增大，加热温度升高。反之，若功率调整信号占空比减小时，电磁炉的输出功率减小，加热温度变低。

（2）自动调整

该机的电流自动控制电路由电流互感器 CT1、CPU 等构成。

当市电升高等原因引起加热功率增大时，流过功率管的电流也会增大，使 CT1 次级绕组输出电压升高，通过 C19 滤波，利用 R24 与可调电阻 VR1 限压，经 D11～D14 整流，再经 EC2 滤波后产生的直流控制电压 CUR 升高。CUR 电压通过 CN1/CN101 的 CUR 端子加到显示板的 CPU 相应端子，被 CPU 识别后 CPU 输出的功率调整信号的占空比减小，使功率管 IGBT1 导通时间缩短，流过谐振线圈的电流减小，加热功率减小。反之控制过程相反，从而实现电流自动调整。

【提示】VR1 是用于设置最大取样电流的可调电阻，调整它就可改变输入到 CPU 的电压高低，也就可改变 CPU 输出的功率调整信号的占空比的大小。

7. 保护电路

该机为了防止功率管因过压、过流、过热等原因损坏，设置了浪涌大保护、功率管延迟导通、功率管 C 极过压、功率管过流、功率管过热、炉面过热保护、市电异常保护等多种保护电路。

（1）浪涌保护电路

该机的浪涌保护电路由电压取样电路和比较器 U2A（LM339）为核心构成。

5V 电压通过 R44 限流后，作为参考电压加到 U2A 的反相输入端④脚，同时市电电压通过整流管 D9、D10 全波整流产生的电压通过 R40、R41、R42 分压后产生取样电压，该电压通过 D19 加到 U2A 的同相输入端⑤脚。当市电电压正常时，U2A④脚电位高于⑤脚电位，于是 U2A②脚内部电路为导通状态，使 Q6 截止，不影响驱动电路的工作状态，电磁炉正常工作。当市电出现浪涌脉冲时，D9、D10 整流后的电压内叠加了大量尖峰脉冲，通过取样使 U2A⑤脚电位超过④脚电位，于是 U2A②脚内部电路截止，18V 电压通过 R46、R47 限流使

Q6 导通，致使 Q3 截止、Q4 导通，功率管 IGBT1 截止，避免了过压损坏。待浪涌电压消失后，U2A 的④脚电位超过⑤脚电位后，该机会再次工作。

（2）功率管延迟导通电路

该机的功率管延迟导通电路由 EC3、R44 和 U2A 为核心构成。

电磁炉通电，待电源电路工作后，5V 电压通过 R44 对 EC3 在需要充电，使 U2A 的④脚电位由低逐渐升高，导致 U2A②脚电位在开机瞬间由高逐渐下降。该电压使 Q6 导通时 Q3 不能导通，功率管也就不能导通。只有在 EC3 充电结束使 Q6 截止后，功率管 IGBT1 才能导通，实现了功率管延迟导通控制，避免了 CPU 等电路在通电时间未及时进入工作状态可能导致功率管损坏。

D20 是 EC3 的放电二极管，它可在电磁炉断电后，将 EC3 两端存储的电压通过 D20 和 5V 电源的负载快速泄放，这样，EC3 可在断电短时间内再次通电后，能够快速进入充电状态，实现功率管延迟导通控制。

（3）功率管过压保护电路

该机的功率管 C 极过压保护电路由电压取样电路和 U2 内的一个比较器 U2C 及相关元件构成。

5V 电压通过取样电路 R21、R20 取样后产生 3.6V 左右电压，作为参考电压加到 U2C 的同相输入端⑨脚，同时功率管 IGBT1 的 c 极产生的反峰电压通过 R13、R14、R18、R19 取样后，加到 U2C 的反相输入端⑧脚。当 IGBT1 的 c 极产生的反峰电压在正常范围内时，U2C⑨脚电位低于⑧脚电位，经 U2C 比较后它的输出端⑭脚内部电路为开路状态，不影响 U2D⑪脚电位，电磁炉正常工作。一旦 IGBT1 的 c 极产生的反峰电压过高时，通过取样使 U2C⑨脚超过⑧脚电位，于是 U2A⑭脚内部电路导通，通过 R22 将 U2D 的⑪脚电位钳位到低电平，U2D⑬脚不能输出激励电压，使功率管截止，避免了过压损坏。

（4）市电异常保护电路

该机的市电电压异常保护电路由整流电路、电压取样电路和 CPU 构成。

220V 市电电压通过 D9、D10 全波整流产生脉动电压，再通过 R6、R7、R8、EC1 取样滤波产生取样电压。该电压通过连接器 CN1/CN101 的 VIN 端子送给操作显示板上的 CPU 进行识别。当市电电压在 160～260V 的供电范围时，产生的取样信号 VIN 电压信号被 CPU 检测后，CPU 判断市电正常，控制电磁炉再次工作；当市电电压高于 260V 或低于 160V 时，相应升高或降低的 VIN 电压信号被 CPU 检测后，CPU 判断市电不正常，CPU 输出停止加热控制信号，使电磁炉停止工作，避免了功率管等元件因市电异常而损坏。同时，驱动蜂鸣器报警，并控制显示屏显示故障代码，表明该机进入市电异常保护状态。市电低时显示的故障代码为"E07"，市电高时显示的故障代码为"E08"。

（5）炉面过热保护电路

该机的炉面过热保护电路由温度传感器 RT1（笔者加注）、阻抗信号/电压信号变换电路和 CPU 为核心构成。

RT1 是负温度系数热敏电阻，它安装在谐振线圈的中部，并紧贴在炉面的底部。当温度在正常范围内时，RT1 的阻值相对较大，5V 电压通过 RT2 与 R2 分压后，再通过 C12 滤波产生的控制电压较低，经连接器 CN1/CN101 的 TMAIN 端子送给操作显示板的 CPU，CPU 通过对该电压的监测，判断炉面的温度正常，输出控制信号使电磁炉正常工作。当炉面温度过热（如达到 220℃）时，RT1 的阻值急剧减小，5V 电压通过 RT1 与 R2 分压后，使取样电压增大，CPU 通过对该电压的监测，判断炉面温度过高，输出停止加热的控制信号，并驱动蜂鸣器报警，并控制显示屏显示故障代码"E03"，表明该机进入炉面温度过热保护状态。

【提示】由于温度传感器 RT1 损坏后就不能实现炉面温度检测，这样容易扩大故障范围，为此该机还设置了 RT1 异常保护功能。若连接器 CN4、传感器 RT1 开路或 C2 击穿，使 CPU 输入的 TMAIN 电压为 0，CPU 则判断 RT1 开路，不仅不发出加热指令，而且驱动蜂鸣器报警，并控制显示屏显示故障代码"E01"，表明该机进入炉面温度传感器开路保护状态；若 RT1 击穿或 R2 开路，使 CPU 输入的电压为高电平，CPU 则判断 RT1 击穿，不仅不发出加热指令，而且驱动蜂鸣器报警，并控制显示屏显示故障代码"E02"，表明该机进入炉面温度传感器击穿保护状态。

（6）功率管过热保护电路

该机的功率管过热保护电路由温度传感器 RT2（笔者加注）、阻抗信号/电压信号变换电路和 CPU 为核心构成。

RT2 是负温度系数热敏电阻，它安装在 IGBT 的散热片上，它通过检测散热片的温度间接检测功率管的温度。当功率管的温度正常时，RT2 的阻值较大，5V 电压通过 RT2 与 R3 分压后产生的电压较小，该电压经 C1 滤波后，再经连接器 CN1/CN101 的 TIGBT 端输入到 CPU 后，CPU 识别后输出控制信号使电磁炉正常工作。当功率管的温度过高后，RT2 的阻值急剧减小，5V 电压通过 RT2 与 R3 分压后使 CPU 输入的检测电压升高，被 CPU 识别后判断功率管过热，CPU 输出停止加热的控制信号，并驱动蜂鸣器报警，并控制显示屏显示故障代码"E06"，表明该机进入功率管温度过热保护状态。

【提示】由于温度传感器 RT2 损坏后就不能实现功率管温度检测，这样容易扩大故障范围，为此该机还设置了 RT2 异常保护功能。当 RT2 开路或滤波电容 C1 短路，使 CPU 无 TIGBT 检测电压输入时，CPU 不仅不输出加热指令，而且驱动蜂鸣器报警，并控制显示屏显示故障代码"E04"，表明该机进入功率管温度传感器开路保护状态；当 RT2 击穿或 R3 开路使 CPU 输入高电平信号时，CPU 不仅停止输出加热指令，而且驱动蜂鸣器报警，并控制显示屏显示故障代码"E05"，表明该机进入功率管温度传感器击穿保护状态。当 RT2 失效被 CPU 识别后，该机不能加热，并且显示屏显示故障代码"ED"，表明该机进入功率管温度传感器失效保护状态。

8. 常见故障检修

（1）整机不工作且熔断器 FUSE1 熔断

熔断器熔断，整机不工作故障，说明有元件击穿导致熔断器过流熔断。该故障的主要的故障原因：一是高频滤波电容 C3、压敏电阻 CNR1 击穿；二是整流堆 DB1 击穿；三是功率管 IGBT1 击穿；四是滤波电容 C4 击穿。

首先，在路测 C3 两端的阻值，若阻值较小，说明 C3 或 CNR1 击穿；若阻值正常，在路测 DB1 内各个二极管的正、反向电阻，若阻值较小，说明 DB1 击穿；若 DB1 正常，测 C4 两端的在路阻值，若阻值较小，说明 C4 或 IGBT1 击穿。此时，测 IGBT1 的 G 极对地阻值，若阻值也较小，说明 IGBT1 击穿；若阻值正常，说明 C4 击穿。

【提示】若整流堆 DB1 击穿，必须要检查 IGBT1 是否击穿，以免更换后的整流堆过流损坏。

若功率管 IGBT1 击穿，还必须测量 18V 供电是否正常，若不正常，检查 C92、R93；若正常，检查谐振电容 C5 是否异常；若异常，必须更换；若正常，检查限流电阻 R11、R15～R19 是否阻值增大，若阻值增大，必须更换；若正常，检查 C6、Q3、Q4、R35、LM339。

（2）整机不工作，但熔断器 FUSE1 正常

熔断器正常，整机不工作故障，说明电源电路、微处理器电路未工作。

　　首先，在路测三端稳压器 U90 的输出端③脚有无 5V 电压输出，若有，查微处理器电路；若没有，测 EC92 两端电压是否正常，若正常，检查 R92、U90、EC94；若不正常，说明开关电源异常。此时，测 EC90 两端电压是否正常，若正常，检查 Z90、D91～D94、EC93～EC95 是否正常，若不正常，更换即可；若正常，查电源模块 U92（VIPer12A）和开关变压器 T90。若 EC90 两端无电压，测限流电阻 R90 是否开路，若正常，检查 D90；若开路，检查 EC90 是否击穿，若击穿，更换即可；若正常，查 U92 的⑧脚对①脚电阻是否过小，若是，说明 U92 内的开关管击穿；若阻值正常，更换 R90。

　　（3）不工作，显示故障代码 E0

　　该故障的主要故障原因：一是放置的锅具不合适；二是 300V 供电电路异常；三是 18V 供电电路异常；四是同步控制电路异常；五是保护电路异常；六是驱动电路异常。

　　首先，检查是否使用的锅具不符合要求，若是，更换合适的锅具；若锅具正常，则需要拆机检查。拆开外壳后，测 18V 供电是否正常，若不正常，检查 EC91、R93；若 18V 供电正常，测 C4 两端电压是否正常，若不正常，检查 C4、L1、DB1 和 CT1；若正常，检查限流电阻 R11、R15、R16 是否正常，若异常；更换即可；若正常，脱开 Q6 的 c 极后，能否恢复正常，若能，查 Q5、Q6、U2A；若不能，断开 R22 能否恢复正常，若能，查 R19、R12 和 U2D。若不能，检查 Q3、Q4、C5、C6 是否正常，若不正常，更换即可；若正常，查 LM339、IGBT。

　　（4）不工作，显示故障代码 E1、E2 或 E3

　　该故障的主要故障原因：一是锅具干烧；二是炉面温度检测电路异常；三是微处理器异常。

　　首先，检查锅具是否干烧，若是，加水即可；若未干烧，则需要拆机检查。拆开外壳后，查看炉面温度传感器、连接器 CN4、R2 连接是否良好，若不是，需要重新连接或维修；若是，测 CPU 的 TMAIN 脚输入的电压是否正常，若电压低，检查温度传感器和 C2；若电压高，查 R2；若电压正常，检查 CPU。

　　（5）不工作，显示故障代码 E4 或 E5

　　该故障的主要故障原因：一是功率管温度检测电路异常；二是微处理器异常。

　　拆开外壳后，测 CPU 的 TIGBT 脚输入的电压是否正常，若正常，检查 CPU；若不正常，检查 R3、C1、CN3 是否正常，若不正常，维修或更换；若正常，检查功率管温度传感器。

　　（6）不工作，显示故障代码 E6

　　该故障的主要故障原因：一是温度检测电路异常；二是 300V 供电电路异常；三是 18V 供电电路异常；四是同步控制电路异常；五是保护电路异常；六是驱动电路异常；七是风扇散热系统异常。

　　首先，检查风扇运转是否正常，若不是，检查 Q1、R4 和风扇电机；若是，测 18V 供电是否正常，若不正常，检查 EC91、R93；若 18V 供电正常，测 C4 两端的 300V 电压是否正常，若不正常，检查 C4、L1、DB1 和 CT1；若正常，检查限流电阻 R11、R15、R16 是否正常，若异常；更换即可；若正常，脱开 Q6 的 c 极后，能否恢复正常，若能，查 Q5、Q6、U2A；若不能，断开 R22 能否恢复正常，若能，查 R19、R12 和 U2D；若不能，检查功率管温度传感器是否正常，若不正常，更换即可排除故障；若正常，检查 Q3、Q4、C5、C6 是否正常，若不正常，更换即可；若正常，查 LM339、IGBT。

技能 4　采用专用芯片构成的电磁炉故障检修

　　HT46R12 是集 CPU、同步控制电路、振荡器、保护电路等于一体的大规模集成电路，采用它构成的"迅磁"电路板如图 2-67 所示。

076

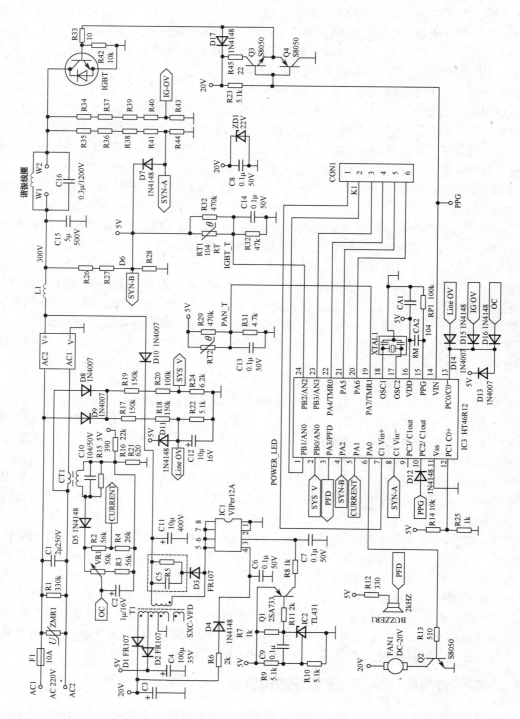

图 2-67 采用 HT46R12 构成的电磁炉电路

1. 市电输入、电源电路

该机的市电输入、滤波电路、300V 供电和低压电源电路与美的 MC-IH-MAIN/V00 标准板构成的电磁炉基本相同，区别主要是开关电源的稳压控制电路。下面简单扼要地分析一下该机的稳压控制电路。

当市电电压升高或负载变轻引起开关电源输出电压升高时，滤波电容 C4 两端升高的电压经 R9、R10 取样后，为三端误差放大器 IC2 提供的误差信号超过 2.5V，经它内部比较器处理，并通过放大器放大后使它的输出端电位下降，经 R11 使放大管 Q1 的 b 极电位下降，Q1 导通加强，使它 c 极输出的电压升高。该电压经 R8 限流，C7 滤波后为 IC1（VIPer12A）的③脚提供的误差电压升高，被它内部的电路处理后，使开关管导通时间缩短，开关变压器 T1 存储的能量下降，开关电源输出电压下降到正常值。反之，稳压控制过程相反。因此，通过该电路的控制可保证开关电源输出电压不受市电高低和负载轻重的影响，实现稳压控制。

2. HT46R12 的简介

芯片 HT46R12 的引脚功能如表 2-7 所示。

表 2-7　芯片 HT46R12 的引脚功能

脚号	脚名	应用名	功能
①	PB1/AN0	K1	操作键信号输入
②	PB0/AN0	SYS V	市电检测信号输入
③	PA3/PFD	PFD	蜂鸣器驱动信号输出
④	PA2	SYN-B	谐振脉冲取样信号 B 输入
⑤	PA1	CURRENT	电流取样信号输入
⑥	PA0	FAN	风扇供电控制信号输出
⑦	C1 Vin+	POWER-LED	电源指示灯控制信号输出
⑧	C1 Vin−	SYN-A	谐振脉冲取样信号 A 输入
⑨	PC3/Clout		空脚
⑩	PC3/Clout	PPG	检测信号输入
⑪	Vss		接地
⑫	PC1/C0+		参考电压输入
⑬	PC0/C0-		过压/过流保护信号输入
⑭	VIN		市电电压检测信号输入
⑮	PPG		功率管激励信号输出
⑯	VDD		供电
⑰	OSC2		振荡器外接晶振端子 2
⑱	OSC1		振荡器外接晶振端子 1
⑲	PA7/TMR1	PAN_T	炉面温度检测信号输入
⑳	PA6	C	去操作、显示板
⑳	PA5	B	去操作、显示板
㉒	PA4/TMR0	A	去操作、显示板
㉓	PB3/AN3	D	去操作、显示板
㉔	PB2/AN2	IGBT_T	功率管温度检测信号输入

低压电源输出的 5V 电压加到芯片 IC3（HT46R12）⑯脚，为它供电。IC3 获得供电

后，它内部的振荡器与外接的晶振 XTAL1 通过振荡产生 8MHz 时钟信号，随后 IC3 在内部复位电路的作用下开始工作，并输出自检脉冲，确认电路正常后进入待机状态。待机期间，IC3⑭脚输出功率管激励信号为低电平，使推挽放大器的 Q4 导通、Q3 截止，功率管 IGBT 截止。

3．锅具检测电路

该机在待机期间，按下"开/关"键后，IC3 内的 CPU 从存储器内调出软件设置的默认工作状态数据，控制操作显示屏显示电磁炉的工作状态，由⑭脚输出的启动脉冲通过 Q3、Q4 推挽放大，利用 R33 限流使功率管 IGBT 导通。IGBT 导通后，电磁线盘的谐振线圈和谐振电容 C16 产生电压谐振。IGBT 导通后，市电输入回路产生的电流被电流互感器 CT1 检测并耦合到二次绕组，通过 C10、R15 抑制干扰脉冲，通过 D5 半波整流，再通过 R2 和 R4 取样产生取样电压 CURRENT，加到 IC3 的⑤脚。当炉面上放置了合适的锅具，因有负载使流过功率管的电流增大，电流检测电路产生的取样电压 CURRENT 较高，被 IC3 检测后，判断炉面已放置了合适的锅具，控制电磁炉进入加热状态。反之，判断炉面未放置锅具或放置的锅具不合适，控制电磁炉停止加热，IC3③脚输出报警信号，驱动蜂鸣器 BUZZER1 鸣叫报警，提醒用户未放置锅具或放置的锅具不合适。

4．同步控制电路

该机同步控制电路由主回路脉冲取样电路、芯片 IC3 和取样电路等构成，如图 2-67 所示。

电磁线盘的谐振线圈右端电压通过 R35～R3、R41、R44 取样产生取样电压 SYN-A，加到 IC3（HT46R12）的⑧脚，它左端产生的电压通过 R26～R28 取样产生取样电压 SYN-B，加到 IC3 的④脚。IC3 通过对④、⑧脚输入的脉冲进行判断，确保谐振线圈对谐振电容 C16 充电期间，还是 C16 对谐振线圈放电期间，⑭脚均输出低电平脉冲，使功率管 IGBT 截止，只有谐振线圈通过 C15、功率管内的阻尼管放电结束后，IC3⑭脚才能输出高电平电压，通过驱动电路放大后使功率管 IGBT 再次导通，因此，通过同步控制实现功率管的零电压开关控制。

5．功率调整电路

（1）手动调整电路

该机的手动功率调整电路由芯片 IC3 内的 CPU 等构成，如图 2-67 所示。

需要增大输出功率时，IC3 内的 CPU 对其内部的驱动电路进行控制后，使 IC3 的⑭脚输出的激励脉冲信号的占空比增大，经 Q3、Q4 推挽放大后，使功率管 IGBT 导通时间延长，为谐振线圈提供的能量增大，输出功率增大，加热温度升高。反之，若 IC3 的⑭脚输出的激励信号的占空比减小时，功率管导通时间缩短，电磁炉的输出功率减小，加热温度减小。

（2）自动调整电路

该机的功率自动调整电路由电流取样电路、IC3 内的 CPU 为核心构成，如图 2-67 所示。

当市电升高等原因引起输出功率增大时，会导致输入回路的电流增大，被电流互感器 CT1 检测并耦合到次级绕组后，通过 C10、R15 抑制干扰脉冲，通过 D5 半波整流，再通过 R2 和 R4 取样产生取样电压 CURRENT 升高，该电压加到 IC3⑤脚后，被 IC3 内的 CPU 检测后，使⑭脚输出的激励信号的占空比减小，功率管导通时间缩短，输出功率减小，反之控制过程相反，实现功率的自动调整。

6. 保护电路

该机为了防止功率管因过压、过流、过热等原因损坏，设置了浪涌电压保护、功率管 c 极过压保护、市电异常保护、炉面过热保护、功率管过热保护等保护电路。

（1）浪涌保护电路

市电电压通过整流管 D8、D9 全波整流产生的电压通过 R17、R18、R22 取样，再通过 C12 滤波产生取样电压 Line OV，该电压通过 D14 加到 IC3⑬脚。当市电电压没有干扰脉冲时，IC3⑬脚输入的电压较低，不影响 IC3 输出的激励脉冲，电磁炉正常工作。当市电出现浪涌脉冲，IC3⑬脚输入的电压升高，被 IC3 检测后判断浪涌电压过高，使⑭脚不再输出激励脉冲，功率管截止，避免了过压损坏。D11、D13 是钳位二极管，它防止取样电压和 IC3⑬脚输入的电压超过 5.5V 而设置的。

（2）功率管过压保护电路

功率管 c 极电压通过 R34、R37、R0、R43 取样后产生取样电压 IG-OV，通过隔离二极管 D15 加到芯片 IC3⑬脚。当功率管 c 极产生的反峰电压在正常范围内时，IC3⑬脚输入的电压也在正常范围内，IC3⑭脚输出正常的激励脉冲，电磁炉正常工作。一旦功率管 c 极产生的反峰电压过高时，通过取样使 IC3⑬脚输入的电压达到保护电路动作的阈值后，IC3 内的保护电路动作，使它⑭脚不再输出激励脉冲，功率管截止，避免了过压损坏。

（3）功率管过流保护电路

该机的功率管过流保护电路由电流互感器 CT1、整流滤波电路、取样电路和 IC3 等构成，如图 2-67 所示。

当功率管过流时，必然会导致市电输入回路的电流增大，该电流被 CT1 检测并耦合到次级绕组后，通过 C10、R15 抑制干扰脉冲，通过 D5 半波整流，再通过可调电阻 VR1 和 R3 取样产生取样电压 OC，通过 D16 加到 IC3⑬脚。若功率管过流，使 CT1 输出的电压升高，OC 电压增大，被 IC3 检测后判断功率管过流，切断⑭脚输出的激励脉冲，功率管截止，避免了过流损坏。

【提示】VR1 是用于设置最大取样电流的可调电阻，调整它就可改变输入到 IC3⑬脚的取样电压 OC 高低，实现过流保护启控点的设置。

（4）市电电压异常保护电路

市电电压通过 D8、D9 全波整流产生脉动电压，再通过 R19、R20、R24 取样产生市电取样电压 SYS_V，该电压加到微处理器 IC3②脚。当市电电压过高或过低时，相应升高或降低的 SYS_V 信号被 IC3 检测后，IC3 判断市电异常不再输出激励脉冲，功率管截止，避免了功率管等元件因市电异常而损坏。同时，驱动蜂鸣器报警，并控制显示屏显示故障代码，表明该机进入市电异常保护状态。

（5）功率管过热保护电路

该机的功率管过热保护电路由温度传感器 RT1、C14、R32 和 IC3 等构成，如图 2-67 所示。

RT1 是负温度系数热敏电阻，由它检测功率管的温度。当功率管温度正常时，RT2 的

079

阻值较大，5V 电压经 RT2 与 R32 分压后产生的取样电压 IGBT_T 较小，该电压经 C14 滤波后，通过 IC3 的㉔脚送给它内部的 CPU 进行检测，被 CPU 识别后，判断功率管温度正常，输出控制信号使电磁炉正常工作。当检测到的功率管过热时，RT1 的阻值急剧减小，5V 电压通过 RT1 和 R32 分压使检测信号 IGBT_T 的电压升高，被 CPU 检测后输出停止加热的控制信号，使功率管停止工作，同时驱动蜂鸣器发出警报声，并让显示屏显示"E4"的故障代码，表明该机进入功率管过热保护状态。

> **【提示】**由于温度传感器 RT1 损坏后就不能实现功率管过热保护，这样容易扩大故障范围，为此该机还设置了 RT1 异常保护功能。

若 RT1 开路或 C14 击穿使检测信号 IGBT_T 为 0，被 IC3 检测后判断 RT1 开路，不仅不发出加热指令，而且驱动蜂鸣器报警，并控制显示屏显示故障代码"E3"，表明该机进入功率管温度传感器开路保护状态；若 RT1 击穿或 R32 开路使 IGBT_T 电压为高电平，被 IC3 检测后判断 RT1 击穿，不仅不发出加热指令，而且驱动蜂鸣器报警，并控制显示屏显示故障代码"E4"，表明该机进入功率管温度传感器击穿保护状态。

（6）炉面过热保护电路

该机的炉面过热保护电路由温度传感器 RT2、C13、R31 和 IC3 等构成，如图 2-67 所示。

RT2 也是负温度系数热敏电阻，由它检测炉面的温度。当炉面温度正常时，RT2 的阻值较大，5V 电压通过 RT2、R31 分压产生的检测信号 PAN_T 较小，该电压经 C13 滤波后加到 IC3⑲脚，IC3 内的 CPU 通过检测⑲脚电压，判断炉面温度正常，输出控制信号使电磁炉正常工作。当炉面因干烧等原因过热时，RT2 的阻值急剧减小，5V 电压通过 RT2 与 R31 分压后使检测信号 PAN_T 的电压升高，被 IC3 检测后判断炉面温度过高，输出停止加热信号，同时驱动蜂鸣器 BUZZER 报警，并控制显示屏显示故障代码 E7，表明该机进入炉面温度过热保护状态。

> **【提示】**由于温度传感器 RT2 损坏后就不能实现炉面过热保护，这样容易扩大故障范围，为此该机还设置了 RT2 异常保护功能。

若 RT2 开路或 C13 击穿使检测信号 PAN_T 为 0，IC3 则判断 RT2 开路，不仅不发出加热指令，而且驱动蜂鸣器报警，并控制显示屏显示故障代码"E1"，表明该机进入炉面温度传感器开路保护状态；若 RT2 击穿或 R31 开路，使 IC3 输入的 PAN_T 电压为高电平，IC3 则判断 RT2 击穿，不仅不发出加热指令，而且驱动蜂鸣器报警，并控制显示屏显示故障代码"E2"，提醒该机进入炉面温度传感器击穿保护状态。

（7）风扇电机电路

开机后，IC3⑥脚输出的风扇控制信号 FAN 为高电平，通过 R13 限流使驱动管 Q2 导通，风扇电机得到供电后开始旋转，对散热片进行强制散热，以免电磁炉进入过热保护状态，甚至导致功率管、整流堆过热损坏。

7. 常见故障检修方法

由于该机电路元件较少，因此在确认相应的外围元件正常后，可以检查芯片 HT46R12。

**思考题**

1. 普通电饭锅由哪些元器件构成？普通单加热器电饭锅是如何工作的？普通多加热器电饭锅是如何工作的？掌握普通电饭锅典型元器件的识别与检测方法。

2. 掌握普通电饭锅常见故障的维修方法。掌握普通电饭锅主要元器件的拆装方法。

3. 电脑控制型电饭锅由哪些元器件构成？电脑控制型电饭锅是如何进行温度检测的？掌握电脑控制型电饭锅常见故障的维修方法。掌握电脑控制型电饭锅的拆装方法。

4. 普通电压力锅由哪些器件构成？主要元器件的作用是什么？普通电压力锅是如何工作的？其常见故障有哪些，如何检修？

5. 电脑控制型电压力锅由哪些器件构成？电脑控制型电压力锅是如何实现压力、温度检测的？其常见故障有哪些，如何检修？

6. 掌握电压力锅主要器件的拆装方法。

7. 普通电炖锅由哪些器件构成？主要元器件的作用是什么？普通电炖锅是如何工作的？其常见故障有哪些，如何检修？电脑控制型电炖锅由哪些器件构成？电脑控制型电炖锅是如何进行加热的？其常见故障有哪些，如何检修？掌握电脑控制型电炖锅的拆装方法。

8. 普通吸油烟机由哪些器件构成？主要元器件的作用是什么？普通吸油烟机是如何工作的？其常见故障有哪些，如何检修？

9. 电脑控制型吸油烟机由哪些器件构成？电脑控制型吸油烟机是如何排烟的？其常见故障有哪些，如何检修？掌握吸油烟机的拆装方法。

10. 电磁炉由哪些器件构成？典型元器件是如何检测的？LM339构成的电磁炉由几部分构成，各部分电路的功能是什么？其常见故障有哪些，如何检修？专用芯片构成的电磁炉是如何工作的？其常见故障有哪些，如何检修？

厨房辅助类小家电故障检修

任务 1　电烤箱故障检修

电烤箱也称为电烤炉，它不仅加热速度快、烘烤时间短、操作简便、安全可靠，而且烤出的食物无毒无异味且味美可口，所以普及率越来越高。常见的电烤箱实物图如图 3-1 所示。

图 3-1　常见的电烤炉实物图

知识 1　电烤箱的构成

电烤箱的构成基本相同，下面以美的 MG25NK-ARR 型电烤箱为例进行介绍，该电烤箱由外壳、定时器、功能选择开关、温度调节钮、加热管、烤轴支架、箱门、炉脚等构成，如图 3-2 所示。

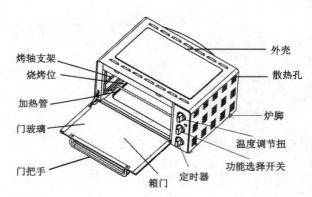

图 3-2　美的 MG25NK-ARR 型电烤箱的构成

知识 2　电烤箱的分析与检修

下面以格兰仕 KWS2028-307A 型电烤箱电路为例介绍电烤箱故障检修方法。该电路由加热烘烤电路、热风循环电路、旋转烤电路、温度控制电路、保护电路等构成，如图 3-3 所示。

【提示】许多简易型电烤箱不仅没有炉灯，并且没有风扇电动机或旋转电动机。

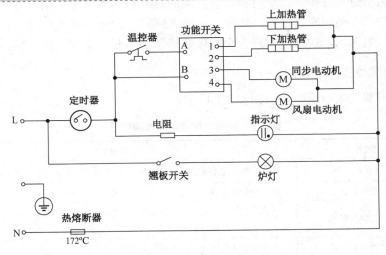

图 3-3　格兰仕 KWS2028-307A 型电烤箱电路

1．控制电路

该机的加热方式有上部烘烤、下部烘烤、上下烘烤、旋转烤、热风循环等多种加热方式。烘烤方式通过功能开关（双刀四掷开关）来选择，旋转烤、热风循环通过选择开关来选择。

2．加热烘烤电路

选择上下烘烤的加热方式，使功能开关的 2 对触点接通位置 1、2，再通过定时器设置好时间，使其触点接通。此时 220V 市电电压一路通过电阻限流使指示灯发光，表明该机开始加热；另一路通过温控器、功能开关为上加热管和下加热管供电，使它们同时发热，烘烤食物。当烘烤的时间达到定时器设置的时间后，它的触点断开，烘烤结束，并且使炉灯熄灭。若未达到定时器设置的时间，而炉内的温度达到调温器设置的温度值后，它的触点断开，也会切断加热管的供电回路，烘烤工作结束。

若选择上部烘烤方式时，仅上加热管发热；若选择下部烘烤方式时，仅下加热管发热。

3．热风循环电路

需要使用热风循环烘烤方式时，功能开关在接通加热管的基础上，还接通位置 4，此时风扇电动机得到供电开始运转，带动风扇转动，加速箱内的空气流动，使加热管发出的热量快速、均匀地传递到箱内各个角落，提高了烘烤效果。

4．旋转烤电路

需要使用旋转烤方式时，功能开关在接通加热管的基础上，还接通位置 3，此时同步电动机得到供电开始运转，驱动旋转架转动，提高了烘烤效果。

5．炉灯电路

需要点亮炉灯时，接通翘板开关，此时市电电压经翘板开关为炉灯供电，使其发光，便于用户观察炉腔内的情况。

6. 过热保护电路

热熔断器用于过热保护。当定时器、温控器的触点粘连使加热管加热时间过长，导致加热温度达到 172℃时热熔断器熔断，切断市电输入回路，加热器停止加热，实现过热保护。另外，加热器、电动机、炉灯等短路也会导致热熔断器熔断，实现过流保护。

7. 常见故障检修

普通电烤箱常见故障检修方法如表 3-1 所示。

表 3-1　普通电烤箱常见故障检修

故障现象	故障原因	故障检修
不加热，指示灯不亮	没有市电输入	测量为其供电的插座有无 220V 电压，若没有，则需要检查插座及线路
	定时器异常	在路测量阻值或测试交流电压就可以确认，更换即可
	热熔断器开路	在路测量就可以确认，还应检查定时器、温控器、电动机、炉灯、加热管是否正常，以免更换后再次损坏
不加热，炉灯亮	调温器异常	在路测量调温器就可以确认，更换即可
	功能开关异常	在路测量阻值或测试交流电压就可以确认，更换即可
不能下部烘烤	下加热管或线路断路	测量下加热管的阻值或有无供电就可以确认，开路后更换即可
	功能开关异常	在路测量阻值或测试交流电压就可以确认，更换即可
不能上部烘烤	上加热管或线路断路	测量上加热管的阻值或有无供电就可以确认，开路后更换即可
	功能开关异常	在路测量阻值或测试交流电压就可以确认，更换即可
风扇不转	功能开关异常	在路测量阻值或测试交流电压就可以确认，更换即可
	风扇电动机异常	若风扇电动机有供电，则说明它异常
旋转架不转	功能开关异常	在路测量阻值或测试交流电压就可以确认，更换即可
	旋转架电动机异常	若旋转架电动机有供电，则说明它异常

【提示】若电动机旋转，而扇叶、旋转架松动，会产生风扇或旋转架运转异常的故障。

任务 2　电饼铛/煎烤机故障检修

电饼铛可以灵活地进行烤、烙、煎等，所以电饼铛也称为煎烤机。用电饼铛可以做很多的美味佳肴，如可以做大饼、馅饼、玉米饼、发面饼等一些面食。煎烤可以做煎鱼、煎蛋、烤肉串、锅贴等美食。典型电饼铛实物图如图 3-4 所示。

（a）普通型　　　　　　　　　　　（b）电脑控制型

图 3-4　典型电饼铛实物图

技能 1　电饼铛的构成

美的 MC-LH20a 型电饼铛由上盖、底座、烤盘（发热盘）、提手（把手）等构成，如图 3-5 所示。

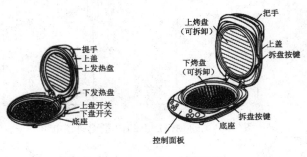

（a）普通型　　　　（b）电脑控制型

图 3-5　美的 MC-LH20a 型电饼铛内部构成

1．煎烤盘

电饼铛的煎烤盘多采用合金压铸铝制成，表面涂有优质的不粘层涂料，具有坚固耐用、传热快、热分布性好等优点，常见的电饼铛的煎烤盘实物图如图 3-6 所示。

图 3-6　常见的电饼铛的煎烤盘实物图

2．加热管

电饼铛采用的加热管有铆压型和外装型两种。铆压型的加热管被铆压在加热盘的槽内，传热性能好，但不利于更换，增加了维修成本；外装型的加热管用管夹固定在加热盘反射板上，如图 3-7 所示。外装型的加热管损坏后，采用相同或相近的加热管更换即可。

图 3-7　电饼铛外装型加热管安装示意图

技能 2　典型电饼铛电路故障检修

下面以美的 MC-DPH2012 型电饼铛电路为例介绍电饼铛电路故障检修方法。该电路由加热盘、温控器、热熔断器为核心构成，如图 3-8 所示。

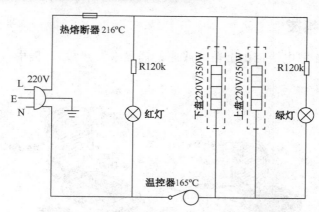

图 3-8　美的 MC-DPH2012 型电饼铛电路

1．电路分析

插好电源线并设置好温度后，220V 市电电压通过热熔断器输入，不仅经电阻限流使红灯发光，表明该机已输入市电电压，而且经通过温控器分两路输出：一路为上、下盘加热管供电，使它们发热；另一路经电阻使绿灯发光，表明电饼铛处于加热状态。当加热温度达到165℃后，温控器的双金属片动作，使它的触点断开，加热管停止加热。当温度下降到150℃左右时，温控器的双金属片复位，触点闭合，会再次为加热管供电，实现自动加热控制。

热熔断器用于过热保护。当温控器的触点粘连异常使上、下盘的加热管加热时间过长，导致加热温度达到 216℃左右时熔断器熔断，切断市电输入回路，加热管停止加热，实现过热保护。

2．常见故障检修

普通电饼铛常见故障检修方法如表 3-2 所示。

表 3-2　普通电饼铛常见故障检修

故障现象	故障原因	故障检修
不加热，红灯不亮	没有市电输入	测市电插座有无 220V 交流电压，若没有，维修插座及其线路；若有，检查电源线是否正常，若不正常，更换即可；若正常，检查锅内电路
	热熔断器熔断	需要检查温控器的触点是否粘连，若是，更换即可；若正常，说明热熔断器是自然损坏
加热温度低	温控器异常	在路测量就可以确认，更换相同的温控器即可
	加热管或其引线开路	检查加热管的引线是否正常，若异常，维修或更换即可；若正常，检查加热管

技能 3　电饼铛的拆装方法

电饼铛的拆卸比较简单，下面以美的 MC-DPH2012 型电饼铛电路为例介绍此类电饼铛的拆装方法。拆卸方法如图 3-9 所示。

第一步，用螺丝钉拆掉底座上的 4 颗螺丝钉，拿开底座，就可看到下盘的加热管、温控器及其线路，如图 3-9（a）所示；第二步，拆掉上盘盖上的 6 颗螺丝钉，拿掉把手，就可以看到内部的加热管和指示灯，如图 3-9（b）所示。

（a）

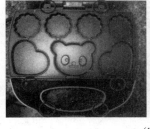

（b）

图 3-9　美的 MC-DPH2012 型电饼铛的拆卸

任务3　消毒柜故障检修

电子消毒柜又称为电子消毒碗柜、电子食具消毒柜和电子消毒厨柜。它是一种用于食具、餐具消毒、烘干、存放和保洁于一体的新型电子产品。除了广泛应用在家庭内，还广泛被宾馆、招待所、宾馆、食堂、学校、饮食行业和医疗卫生部门。常见的消毒柜实物图如图 3-10 所示。

图 3-10　常见的消毒柜实物图

技能 1　典型消毒柜的分类与构成

1．消毒柜的分类

消毒柜根据消毒方式主要有高温消毒和臭氧消毒两种。高温型电子消毒柜又称为远红外高温电子消毒柜，具有消毒速度快、消毒彻底、无高电压、无残毒、无污染、使用安全等优点，是目前使用最多的一种电子消毒柜。低温型电子消毒柜采用臭氧发生器产生电晕放电，用臭氧来杀灭病毒和细菌。它具有灭菌效率高、不烫手、耗电少等优点，尤其适用于对不宜用高温的餐具消毒。目前，部分双室消毒柜则分别采用了这两种消毒方式。

消毒柜按控制方式可以分为普通消毒柜和电脑控制型消毒柜两种。

2．典型消毒柜的构成

低温消毒柜由箱体、鼓风机（风扇）、远红外加热管、餐具网架、臭氧发生器、定时器、箱门、指示灯等构成，如图 3-11 所示。

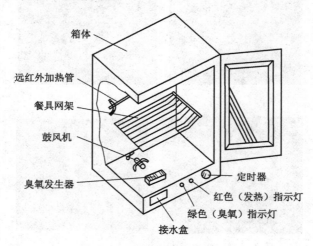

图 3-11 低温消毒柜构成示意图

技能 2 典型消毒柜故障检修

下面以康宝 ZTP80A-2 型消毒柜为例介绍机械控制型消毒柜。该消毒柜是立式上、下室结构，上室采用臭氧方式消毒，下室采用远红外方式消毒。而该机的电路由高温消毒电路、臭氧消毒电路、指示电路等构成，如图 3-12 所示。

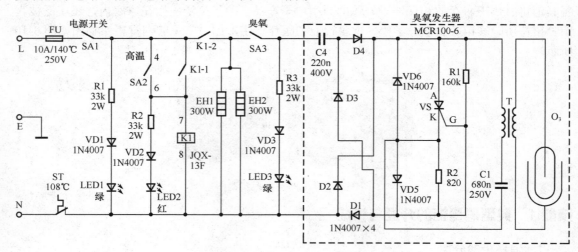

图 3-12 康宝 ZTP80A-2 型消毒柜电路

1. 高温消毒电路

接通电源开关 SA1 后，220V 市电电压通过热熔断器 FU 输入后，不仅通过 R1 限流、VD1 半波整流，使绿色发光二极管 LED1 发光，表明消毒柜有市电电压输入，而且还为上、下室内的电路供电。当按下高温消毒开关（非自锁开关）SA2 后，市电电压一路通过 R2 限流、VD2 整流，为高温消毒指示灯（红色发光二极管）LED2 供电使其发光，表明该机进入高温消毒状态；另一路为继电器 K1 的线圈供电，使它内部的两对触点 K1-1、K1-2 闭合。触点 K1-1 闭合后，取代 SA2 为 K1 的线圈供电；K1-2 闭合后，市电电压为远红外加热管 EH1、

EH2 供电。EH1、EH2 得电后开始发热，使下室内的温度逐渐升高，对餐具等物品进行高温消毒。当温度达到 108℃时，温控器 ST 的触点断开，使 LED1、LED2 熄灭，EH1、EH2 停止加热，消毒结束。当下室内的温度低于 100℃后，ST 的触点再次闭合，但由于 SA2 没有被按下，高温消毒电路也不能工作。

热熔断器 FU 用于过热保护。当温控器 ST 的触点粘连异常使加热管加热时间过长，导致加热温度达到 140℃左右时它熔断，切断市电输入回路，加热管停止加热，实现过热保护。

2. 臭氧消毒电路

在继电器 K1 的触点闭合期间，接通臭氧消毒开关 SA3 后，220V 市电电压一路通过 R3 限流，VD3 半波整流后，为 LED3 供电使其发光，表明该机处于臭氧消毒状态；另一路通过 C4 降压，再通过 D1～D4 桥式整流产生脉动直流电压。该电压不仅加到单向晶闸管 VS 的阳极，而且通过升压变压器 T 的一次绕组、升压电容 C1 和 VD5 构成的回路为 C1 充电。在 C1 两端建立电压的同时，充电电流还使 T 的一次绕组产生上正、下负的电动势，经其变压后它的二次绕组相应产生上正、下负的电动势。C1 充电结束后，通过 R1 为 VS 的 G 极提供触发电压，使 VS 导通。此时，C1 存储的电压通过 VS 放电，使 T 的一次绕组产生下正、上负的电动势，于是 T 的二次绕组感应出下正、上负的电动势。这样，通过 C1 的充、放电，就会使 T 的二次绕组产生 3kV 左右的脉冲高压，为臭氧发生器供电。该脉冲高压使臭氧发生器工作并对空气放电，激发周围空气中的氧气电离，从而产生臭氧，为上室进行臭氧消毒。臭氧发生器工作时，能闻到带腥味的臭氧味。

由于臭氧消毒电路的供电受继电器 K1 的触点 K1-2 控制，因此高温消毒电路停止工作时，臭氧消毒电路也会停止工作。

3. 常见故障检修

（1）上、下室都不工作

上、下室都不工作，说明供电电路、开关、继电器或其控制电路异常。

首先，在按 SA1 的同时查看指示灯 LED1 能否发光，若能，说明继电器 K1 未工作；若不能，说明没有市电输入或控制电路异常。

确认 K1 未工作时，按 SA2 时测继电器 K1 的线圈有无供电，若有，检查 K1；若没有，检查 SA2 和线路。确认没有市电输入或控制电路异常时，先用万用表交流电压挡测量插座有无 220V 左右的交流电压，若没有，检修市电插座及其线路；若市电正常，说明该机内部发生故障。此时，拆开外壳，用二极管挡（通断挡）检查热熔断器 FU 是否熔断，若没有熔断，检查开关 SA1、温控器 ST 和线路；若 FU 熔断，说明有过流现象，用通断挡检查触点 K1-2 是否粘连，若粘连，更换即可，若 K1-2 正常，检查 ST 即可。

> 【注意】热熔断器 FU 开路后，不能用导线短接，以免 ST 或 K1-2 粘连，导致加热器损坏或发生火灾等事故。

（2）不能臭氧消毒

不能臭氧消毒说明臭氧放电管或其供电系统异常。

首先，检查臭氧消毒指示灯 LED3 能否发光，若不能，说明 SA3 异常；若能，检查变压器 T 的二次绕组有无高压输出，若有，检查臭氧放电管 O_3 和线路；若无电压输出，检测单向晶闸管 VS 的 A 极供电是否正常,若不正常,检查电容 C1、R2 和 D1～D4;若 A 极电压正常,检查 VS、C1 是否正常,若不正常,更换即可;若正常,检查 R1 和变压器 T。

(3)臭氧消毒效果差

臭氧消毒效果差主要是由于臭氧放电管老化或其供电电压低所致。

首先,检查臭氧放电管是否老化,若老化,更换即可;若正常,检查降压电容 C4 是否容量不足,若是,更换即可;若正常,检查晶闸管 VS 是否正常,若不正常,更换即可;若正常,检查谐振电容 C1 和高压变压器 T。

(4)高温消毒时温度低、加热时间长

该故障多因一根远红外加热管未工作,导致加热功率不足引起。怀疑远红外加热管没有供电时,通过测量其两端电压就可以确认;怀疑远红外加热管异常时,通过测量它有无供电或阻值是否正常就可以确认。

任务4　食品搅拌机/料理机故障检修

食品搅拌机/料理机主要是完成榨果汁、做奶昔等功能的小家电。有的搅拌机还可以完成绞肉等构成。常见的搅拌机/料理机实物图如图 3-13 所示。

图 3-13　常见的搅拌机/料理机实物图

技能 1　典型搅拌机的构成

典型搅拌机主要由机壳、搅拌杯、刀具、电动机等组成。美的 JT35A6 型搅拌机的构成如图 3-14(a)所示,海尔 HBL-1110 型搅拌机的构成如图 3-14(b)所示。

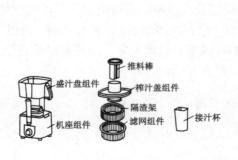
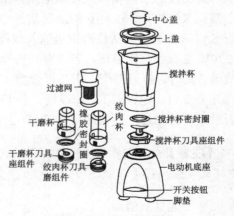

(a)美的 JT35A6 型搅拌机　　　　　　　　(b)海尔 HBL-1110 型搅拌机

图 3-14　典型搅拌机的构成

【提示】搅拌机的搅拌杯密封圈破损会产生漏液故障,并且刀片与刀座组件相接处的轴套磨损、间隙大也会产生漏液故障。

技能 2 普通食品搅拌机/料理机电路故障检修

食品搅拌机/料理机电路基本相同，下面以富士宝 FB-618A 型食品搅拌机为例进行介绍。该电路由选择开关 S1、电机、热熔断器 FU、安全联锁开关 S2 等构成，如图 3-15 所示。

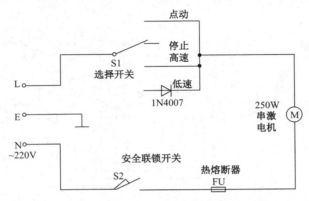

图 3-15 富士宝 FB-618A 型食品搅拌机电路

1. 电路分析

将杯体旋转到位后 S2 受压接通。需要高速加工时，按下高速加工键，此时，220V 市电电压通过高速键、过载保护器 ST 和联锁开关 S2 为电机供电，使电机高速运转，实现快速加工食品的目的。需要低速加工时，按下低速加工键，此时，220V 市电电压通过低速键输入到二极管的正极，经它半波整流后，为电机供电，使电机低速运转，从而实现低速加工食品的目的。

当电机因堵转等原因过载时，电机表面的温度升高。当电机的温度达到热熔断器 FU 的标称值后它被熔断，切断电机供电回路，电机停转，实现过热保护。

2. 常见故障检修

普通食物搅拌机常见故障检修方法如表 3-3 所示。

表 3-3 普通食物搅拌机常见故障检修

故障现象	故障原因	故障检修
电动机不转	选择开关 S1 异常	通过在路测量触点是否接通或有无电压输出就可以确认它是否正常，该开关异常后更换即可
	安全开关 S2 异常	通过在路测量触点是否接通或有无电压输出就可以确认它是否正常，该开关异常后更换即可。若手头无此开关，应急维修时可短接
	热熔断器 FU 异常	在路测量就可以确认，若开路，更换并检查电动机即可
	电动机异常	若电动机有正常的供电，则说明电动机异常，维修或更换即可
电动机能高速运转，不能低速运转	选择开关 S1 异常	通过在路测量触点是否接通或有无电压输出就可以确认它是否正常，若调速开关异常，维修或更换即可
	整流管 1N4007 异常	用二极管挡在路测量它的导通压降或测它的负极有无电压输出就可以确认它是否正常，若异常，更换即可

【提示】选择开关 S1 异常，还会产生不能点动等故障。

技能3 电子控制型食品搅拌机/料理机故障检修

【提示】电子控制型食品搅拌机/料理机的构成和普通食品搅拌机/料理机基本相同，下面以恒联 B20-F 食品搅拌机电路为例介绍此类搅拌机/料理机电路原理与故障检修。恒联 B20-F 食品搅拌机电路由电源电路、控制电路、电动机供电电路、保护电路构成，如图 3-16 所示。

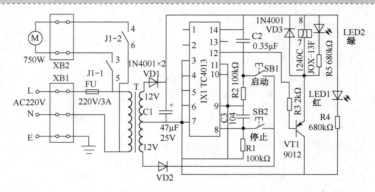

图 3-16 恒联 B20-F 型食品搅拌机电路

1．低压电源电路

220V 市电电压经热熔断器 FU 输入后，不仅通过继电器为电动机供电，而且经变压器 T 降压后，从次级绕组输出 2 组 12V 左右的（与市电高低有关）交流电压。下边绕组输出的 12V 交流电压经 VD2 整流后，为启动、停止键供电。上边绕组输出的 12V 交流电压利用 VD1 半波整流，C1 滤波产生 12V 左右的直流电压。该电压第一路经 R4 限流为 LED1 供电使它发光，表明电源已工作；第二路加到双 D 触发器 TC4013 的⑭脚为它供电；第三路为继电器 J1 的线圈供电。

2．电动机供电电路

电动机供电电路由继电器 J1、双 D 触发器 TC4013 内的一个 D 触发器、启动开关 SB1 等构成。

按启动键 SB1 时，为 TC4013 的复位端⑩脚提供高电平信号，使它内部的 D 触发器复位，其输出端⑫脚输出低电平电压，经 R3 使 VT1 导通。VT1 导通后，不仅使 LED2 发光，表明工作在搅拌状态，而且为继电器 J1 的线圈供电，使它的触点 J1-1、J1-2 闭合，接通电动机的供电回路，电动机运转，实现粉碎、搅拌等功能。

按停止键 SB2 时，为 TC4013 的置位端⑧脚提供高电平信号，使它内部的 D 触发器复位，其输出端⑫脚输出高电平电压，经 R3 使 VT1 截止。VT1 截止后，不仅使 LED2 熄灭，表明搅拌机工作结束，而且切断继电器 J1 线圈的供电，使它的触点 J1-1、J1-2 释放，电动机失电停转。

热熔断器 FU 用于过热保护。当电动机因堵转等原因过载时，电动机表面的温度升高。当电动机的温度达到 FU 标称值后它熔断，切断电动机供电回路，电动机停转，实现过热保护。

3．常见故障检修

（1）通电后，电源指示灯 LED1 不亮

该故障的主要原因：一是供电线路异常，二是电源电路异常，三是热熔断器 FU 开路。

首先确认为该搅拌机供电的插座有无 220V 左右的交流电压，若无或不正常，维修或更换插座；若有，说明搅拌机电路异常。拆出搅拌机电路板后，用数字万用表的二极管挡在路检测热熔断器 FU 是否正常，若熔断，检查电动机是否正常，若异常，维修或更换；若电动机正常，更换 FU。若 FU 正常，测变压器 T 的初级绕组有无电压输入，若没有，查 XB1 和线路；若有，说明变压器 T 初级绕组开路，维修或更换相同的变压器。

> **【注意】** 变压器 T 损坏有的是自然损坏，有的是因过流所致。此时，必须检查整流管 VD1、VD2，滤波电容 C1 和芯片 TC4013 是否击穿或漏电，以免更换后的变压器再次损坏。

（2）电源指示灯亮，但按动 SB1 键后电动机不转

该故障的主要原因：一是按键 SB1 异常；二是电动机供电电路异常；三是电动机异常。

首先，在按 SB1 键时查看指示灯 LED2 能否发光，若能，检查电动机和继电器 J1；若不能，按 SB1 时 TC4013、⑩脚有无高电平电压输入，若没有，更换 SB1；若有，测 TC4013、⑩脚有无低电平电压输出，若有，检查 R3 和 VT1。

（3）电动机不能停转

该故障的主要原因：一是继电器 J1 或 VT1 异常；二是停止开关 SB2 异常；三是芯片 TC4013 异常。

首先，在按 SB2 键时查看指示灯 LED2 能否熄灭，若能，用相同的继电器更换 J1；若不能，在路检测 SB2、VT1 是否击穿，若击穿，更换即可；若正常，更换 TC4013。

任务 5 微波炉故障检修

微波炉不仅能快速除霜、解冻食物，而且具有煲、蒸、煮、炆、炖、烤、消毒灭菌等功能。与传统炉具相比，微波炉具有操作简便、节能、省时省力、寿命长、安全、卫生、环保等优点，所以微波炉作为现代厨具迅速走进千家万户。典型的微波炉实物图如图 3-17 所示。

（a）普通微波炉 （b）电脑控制型微波炉

图 3-17 典型的微波炉实物图

技能 1 微波炉的构成及主要部件作用

1. 普通微波炉的构成

普通微波炉由磁控管、波导管、炉腔、炉门、炉门联锁开关、转盘、外壳等构成，如图 3-18 所示。其中，炉门联锁开关、炉门未画出。

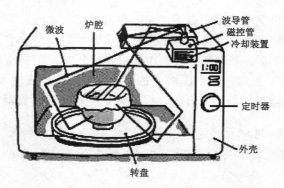

图 3-18　普通微波炉的构成

（1）磁控管

磁控管是微波炉的心脏，它主要由管芯和磁铁两大部分组成。

（2）波导管

波导管的作用就是保证磁控管输出的微波都能进入炉腔，不外泄。它多采用导电性能较好的金属制成的矩形空心管。它一端接磁控管的微波输出口，另一端接炉腔。

（3）搅动器

搅动器的作用是使炉腔内的微波场均匀分布。它由导电性能好、机械强度高的硬质合金材料构成。它多安装在炉腔顶部波导管输出口处，它之所以能够旋转是利用小电动机带动或发射气流带动。

（4）炉腔

炉腔是盛放需要加热食物的空间。实际上，它是一个微波谐振腔，由钢板喷涂或不锈钢板冲压而成。

（5）炉门

炉门是取放食物和观察的部件。一般由不锈钢框架镶嵌玻璃构成，玻璃窗中夹着金属多丝孔网板，以防止微波泄露。

（6）炉门联锁开关

为了确保使用安全，微波炉的炉门上安装了联锁开关。当炉门没有关闭或未关好时，联锁开关会切断供电回路，使微波炉停止工作，以免微波泄露。

炉门联锁开关由初级门锁开关（又称为门锁第一级开关、主开关）、次级门锁开关（又称为门锁第二级开关、副开关）、监控开关、门钩等构成，如图 3-19 所示。

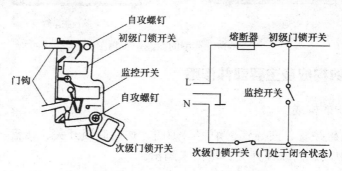

（a）构成图　　　　　（b）原理图

图 3-19　炉门联锁开关

当炉门关闭时，联锁开关上的两个门钩插入炉腔的长方形孔内，按下微动开关，使门锁联锁开关的初、次级门锁开关闭合，而使监控开关断开，微波炉进入准备工作状态。当打开炉门时，门锁联锁开关的初、次级门锁开关断开，而监控开关接通，使微波炉停止工作。

（7）转盘

转盘安装在炉腔底部，由一只电动机带动它以 5～8r/min 的转速旋转，转盘上的食物各部位不断接受微波场的辐射，确保食物能够均匀地加热。

（8）电源电路

普通微波炉的电源电路仅为磁控管提供 3.3～3.5V 灯丝和为高压整流电路提供 2000V 左右的交流电压，再通过高压电容 C 和高压二极管 VD 组成的倍压整流滤波电路，产生 4000V 的负电压，为磁控管的阴极供电。而电脑控制型微波炉的电源电路还为控制电路提供 12V、5V 等工作电压。

（9）控制电路

控制电路由定时器、功率控制器、过热保护器等构成。

机械控制型微波炉的功率控制器多由定时器电动机驱动。通过控制功率控制器选择旋钮带动凸轮机构来控制功率开关的闭合。为了满足烹调、加热食物的不同需要，微波炉一般可选择的功率有五挡。功率控制器采用百分率定时方式，也就是在一个固定循环周期为 30s 时，选择最大功率挡位，功率控制器的开关接通时间就是 30s，而选择最小功率挡位，功率控制器的开关接通时间就是 5s 左右。定时时间一到，定时器的触点就会断开，切断微波炉的电源。而电脑控制型微波炉的功率控制由电脑板进行控制。

无论机械控制型微波炉，还是电脑控制型微波炉，为了防止磁控管过热损坏，通常需要设置过热保护器。该保护器多采用双金属片型过热保护器。

2. 电脑控制型微波炉的构成

电脑控制型微波炉和普通微波炉构成基本相同，主要区别是增加了电路板，LG WD700 型微波炉的构成如图 3-20 所示。

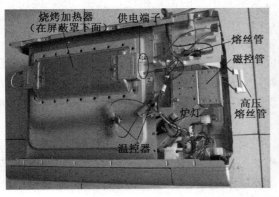
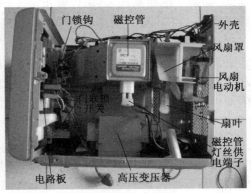

图 3-20　LGWD700 电脑控制型微波炉的构成

技能 2　微波炉典型元器件的检测

1. 磁控管

磁控管也称为微波发生器、磁控微波管，它是一种电子管。它是微波炉内最主要的元器件。

（1）磁控管的构成

磁控管主要由管芯和磁铁两大部分组成，是微波炉的心脏，从外观上看，它主要由微波发射器（波导管）、散热器、磁铁、灯丝及其两个插脚等构成，如图 3-21（a）所示。而它内部还有一个圆筒形的阴极，如图 3-21（b）所示。

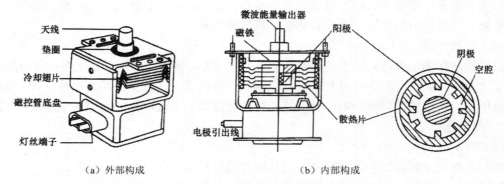

（a）外部构成　　　　　（b）内部构成

图 3-21　磁控管的构成

① 管芯。管芯由灯丝、阴极、阳极和微波能量输出器组成。

灯丝采用钍钨丝或纯钨丝绕制成螺旋状，其作用是用来加热阴极。

阴极采用发射电子能力很强的材料制成。它分为直热式和间热式两种。直热式的阴极和灯丝是一体的，采用此种方式的阴极只需 10～20s 的预热，就可以发射电子；间热式的阴极和灯丝是分开的，阴极做成圆筒状，灯丝安装在圆筒内，灯丝间接地加热阴极而使其发射电子。

阳极由高导电率的无氧铜制成。阳极上有多个谐振腔，用以接收阴极发射的电子。谐振腔采用无氧铜制成，有孔槽式和扇形式两种，它们是产生高频振荡的选频谐振回路。而谐振频率的大小取决于空腔的尺寸。为了方便安装和使用安全，它的阳极接地，而阴极输入负高压，这样在阳极和阴极之间就形成了一个径向直流电场。

微波能量输出器的功能是将管芯产生的微波能量输送到负载上用来加热食物。

② 磁铁（磁路系统）。磁控管正常工作时要求有很强的恒定磁场，其磁场感应强度一般为数千高斯。工作频率越高，所加磁场越强。

磁控管的磁铁就是产生恒定磁场的装置。磁路系统分永磁和电磁两大类。永磁系统一般用于小功率管，磁钢与管芯牢固合为一体构成所谓包装式。大功率管多用电磁铁产生磁场，管芯和电磁铁配合使用，管芯内有上、下极靴，以固定磁隙的距离。磁控管工作时，可以很方便地靠改变磁场强度的大小，来调整输出功率和工作频率。另外，还可以将阳极电流馈入电磁线圈以提高管子工作的稳定性。

（2）磁控管的工作原理

磁控管的灯丝输入供电电压后开始为阴极加热，它的阴极的－4000V 左右的电压。当阴极被预热后开始发射电子，连续不断地向阳极移动，电子在移动的过程中受到垂直磁场的作用而作圆周运动，并在各谐振腔产生高频振荡，经射频输出端送出 2450MHz 的微波，然后通过波导管传输到炉腔，再经炉腔内壁反射给食物，当微波被食物吸收时，食物内的极性分子即被吸引，并以每秒钟 24.5 亿次的速度快速振荡，使得分子间互相碰撞而产生大量的摩擦热，从而快速加热食物。

（3）磁控管的检测

① 灯丝的检测。由于灯丝的阻值较小，所以测量时应将数字万用表置于 200Ω 挡，再把

两个表笔接在磁控管灯丝两个引脚间上，屏幕上显示的数值就是灯丝的阻值，如图 3-22 所示。若阻值过大或无穷大，说明灯丝不良或开路。

图 3-22　磁控管灯丝通断的检测

② 灯丝与外壳的绝缘性能检测。将数字万用表置于 200MΩ 电阻挡，将表笔接在磁控管灯丝引脚、外壳上，正常时显示的数值为 1，说明绝缘电阻阻值为无穷大，如图 3-23（a）所示；若数值较小，调小挡位后仍小，则说明灯丝对外壳漏电或击穿，如图 3-23（b）所示。

　　　（a）正常　　　　　　　　　（b）击穿

图 3-23　磁控管灯丝绝缘性能的检测

【方法与技巧】灯丝对地漏电多是由于管座内部漏电所致。应急修理时，可以通过更换管座或打孔后，为灯丝接线再使用。

③ 天线与外壳的绝缘性能检测。将万用表置于 200MΩ 电阻挡，测磁控管天线引脚、外壳间的电阻，正常时阻值应为无穷大，如图 3-24（a）所示；若阻值较小，调小挡位仍小，则说明已漏电或击穿，如图 3-24（b）所示。

　　　（a）正常　　　　　　　　　（b）击穿

图 3-24　磁控管发射天线绝缘性能的检测

【提示】若采用指针万用表测量绝缘性能时应采用 R×10k 挡。

2. 高压二极管

（1）识别

　　高压二极管俗称硅柱，也是微波炉主要的元器件和故障率较高的元件。它是一种硅高频、高压的整流管。因为它由若干个整流管的管芯串联后构成，所以它整流后的电压可达到几千伏到几十万伏。微波炉使用的高压二极管实物图如图 3-25 所示。

　　（a）单硅堆　　　　（b）双硅堆

图 3-25　微波炉使用的高压二极管实物图

（2）检测

高压硅堆由若干个整流管的管芯组成，所以测量时应该反向电阻的阻值都应为无穷大，而正向阻值也多为无穷大，下面介绍微波炉使用的高压整流堆（高压整流二极管）的检测方法。

采用指针万用表测量高压硅堆时，将它置于 R×10k 挡，测量正向电阻时，有 150kΩ 左右的阻值，而反向阻值为无穷大，如图 3-26 所示。

（a）正向阻值　　　　　　　　　　　　（b）反向阻值

图 3-26　高压整流管的检测

【提示】若采用数字万用表的二极管挡测量高压整流堆的正、反向导通压降都为无穷大。

3．高压电容

（1）识别

高压电容也是微波炉主要的元器件和故障率较高的元件。它的耐压为 1800～2200V，容量为 0.8～1.2μF。微波炉常见的高压电容及其安装位置如图 3-27 所示。

（2）检测

微波炉高压电容的检测方法和普通电容一样，用数字万用表的 2μF 电容挡检测即可，如图 3-28 所示。在路检测前应对其放电，以免被电击或损坏万用表。

图 3-27　微波炉采用的高压电容　　　　　图 3-28　高压电容的检测

4．高压变压器

（1）识别

微波炉的高压变压器不仅为高压整流电路提供 2000V 左右的交流电压，而且为磁控管的灯丝提供 3.3V 灯丝，所以它有 1 个一次绕组和 2 个二次绕组。

（2）检测

采用数字万用表测量高压变压器时，应采用 200Ω 挡，测量方法与步骤如图 3-29 所示。

（a）初级绕组

（b）灯丝绕组

（c）高压绕组

图 3-29　高压变压器的检测

【注意】由于测量阻值的方法不能确认变压器的绕组是否发生匝间短路的故障，所以还应该结合温度法、放电法和代换法接线准确判断。

5. 炉门联锁开关、监控开关

用万用表通断挡（二极管挡）检测炉门初级、次级门锁开关在炉门关闭时是接通的，而监控开关是断开的，如图 3-30 所示。

若炉门初级、次级门锁开关在炉门关闭时不能接通，则说明它们或炉门异常；若监控在炉门关闭时仍接通，说明监控开关或炉门异常。

（a）联锁开关

（b）监控开关

图 3-30　炉门初次级开关、监控开关的检测

技能 3　普通微波炉电路故障检修

下面以海尔 MZ-2070MCZ 3T 蒸汽转波炉为例介绍此类微波炉电路原理与故障检修方法。该机的电气系统构成如图 3-31 所示。

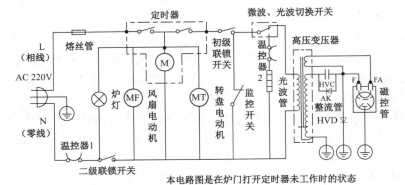

图 3-31　海尔 MZ-2070MCZ 3T 蒸汽转波炉电气构成示意图

1. 炉门开关控制电路

关闭炉门时，联锁机构相应动作，使初级联锁开关、二级联锁开关的触点接通，而使门监控开关的触点断开。若打开炉门，初级联锁开关、二级联锁开关的触点断开，不仅切断市电到转盘电动机、风扇电动机、光波管、高压变压器的供电线路，而且使监控开关的触点接通，避免磁控管误工作带来的危害。

2. 微波加热控制电路

关好炉门，将微波/光波转换开关置于微波状态，再旋转定时器旋钮选择时间后，定时器的触点接通，使炉灯、风扇电动机、转盘电动机的继电器闭合。此时，风扇电动机获得供电开始运转，为微波炉散热降温；转盘电动机获得供电后，带动转盘旋转；高压变压器的初级绕组输入市电电压后，它的灯丝绕组和高压绕组就会输出交流电压。其中，灯丝绕组向磁控管的灯丝提供 3.3V 左右的工作电压，点亮灯丝为阴极加热，高压绕组输出的 2000V 左右的交流电压，通过高压电容 HVC 和整流管 HVD 组成半波倍压整流电路，产生 4000V 的负压，为磁控管的阴极供电，使阴极发射电子，磁控管产生的微波能经波导管传入炉腔，通过炉腔反射给食物，最终实现了食物的烹饪。

3. 烧烤加热控制电路

关好炉门，将微波/光波转换开关置于烧开状态，再旋转定时器旋钮选择时间后，定时器的触点接通，为炉灯、风扇电动机、转盘电动机、光波管供电。光波管发热后，对食物开始加热。当加热温度达到温控器 2 的设置值后，温控器 2 的触点断开，温度逐渐升高。当温度低于一定值后，温控器 2 的触点接通，光波管再次加热。重复以上过程，直至将食物烤熟。

4. 过热保护

当温控器 2 异常，导致波光管加热温度升高，被温控器 1 检测后，它的触点断开，切断整机供电，以免光波管过热损坏或产生其他故障，实现过热保护。若风扇异常，导致磁控管温度升高，达到温控器 1 的检测温度后，它的触点断开，实现过热保护。

若磁控管的供电电路或散热系统异常，导致磁控管的工作温度过高时，温控器 1 检测到的温度达到它的标称值后，使它的触点断开，切断整机供电线路，高压供电电路停止工作，避免了磁控管等元器件过热损坏，实现磁控管过热保护。

5. 常见故障检修

（1）熔丝管熔断

该故障的主要原因：一是监控开关的触点粘连，二是高压变压器异常，三是高压电容 HVC 异常，四是高压整流管 HVD 异常，五是光波管异常，六是转盘、风扇电动机或炉灯短路，七是定时器电动机异常。

监控开关的触点是否粘连可通过万用表的通断挡检测后确认，而高压变压器、高压整流管、光波管、转盘电动机、炉灯是否正常可采用开路法、电阻测量法或代换法进行确认。

（2）熔丝管正常，但炉灯不亮且不加热

该故障的主要原因：一是温控器 1 开路，二是定时器异常。

首先，检查定时器是否正常，若不正常，维修或更换即可；若定时器正常，检查温控器 1。若温控器 1 异常，还应检查是否因过热所致。

（3）炉灯亮，但不能光波、微波加热

该故障的主要原因：一是初级联锁开关异常，二是微波、光波转换开关异常。

首先，用万用表的通断挡检查初级联锁开关、微波/光波转换开关是否正常，若异常，用相同的开关更换即可；若正常，检查线路。

（4）不加热，但可以烧烤

不加热，但可以烧烤的故障原因：一是微波、光波转换开关异常，二是高压形成电路异常，三是磁控管异常。

首先，检查光波、微波切换开关是否正常，若异常，更换即可；若正常，说明高压形成电路或磁控管异常。此时，在断电后用万用表电阻挡检查磁控管的灯丝是否正常，若异常，需要更换磁控管；若磁控管灯丝正常，测高压变压器的次级绕组输出电压是否正常，若不正常，需要检查高压变压器，若输出电压正常，检查高压电容 HVC、高压二极管 HVD 是否正常，若不正常，更换即可；若正常，则检查磁控管。

（5）能加热，但不烧烤

微波能加热，但不烧烤的故障原因：一是光波、微波切换开关异常，二是光波管异常，三是温控器 2 异常。

首先，检查光波、微波切换开关是否正常，若异常，更换即可；若光波、微波切换开关正常，检查温控器 2 是否正常，若异常，更换即可。若温控器 2 正常，用万用表的交流电压挡测光波管两端有无 220V 市电电压输入，若有，说明光波管开路，断电后用电阻挡测量它的阻值确认即可；若无供电，检查线路。

（6）能加热，但转盘不转、炉灯亮

能加热但转盘不转、炉灯亮的故障主要原因是转盘电动机异常。

（7）炉灯不亮，其他正常

该故障主要原因就是炉灯或其供电线路异常。

直观检查炉灯的灯丝是否开路或用万用表的电阻挡测量灯丝的阻值，就可以确认灯丝是否正常；若灯丝断，更换即可；若灯丝正常，查灯座、供电线路。

技能 4　典型电脑控制型微波炉故障检修

下面以格兰仕 WD700A/WD800B 型微波炉为例介绍，该机的电气原理图如图 3-32 所示，控制电路如图 3-33 所示。

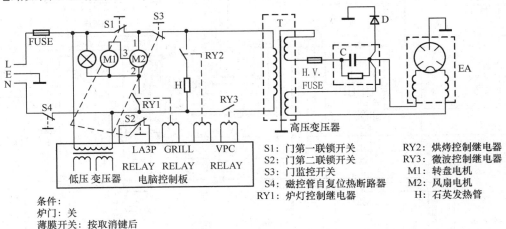

图 3-32　格兰仕 WD700A/WD800B 型微波炉电气原理图

1．电源电路

参见图 3-33，为微波炉通上市电电压后，市电电压通过变压器 T101 降压后，输出 6V 和 16V 两种交流电压，其中，6V 交流电压经 D1、D2 全波整流，C1 滤波产生 6.6V 直流电压，为显示屏供电；16V 交流电压通过 D6 半波整流产生 18V 左右的直流电压。该电压一路通过调整管 Q1、限流电阻 R1、稳压管 DZ1 组成的 5V 稳压器稳压输出 5V 电压，为微处理器、显示屏等电路供电；另一路通过调整管 Q2、限流电阻 R2、稳压管 DZ2 组成的 12V 稳压器稳压输出 12V 电压，为继电器等供电。

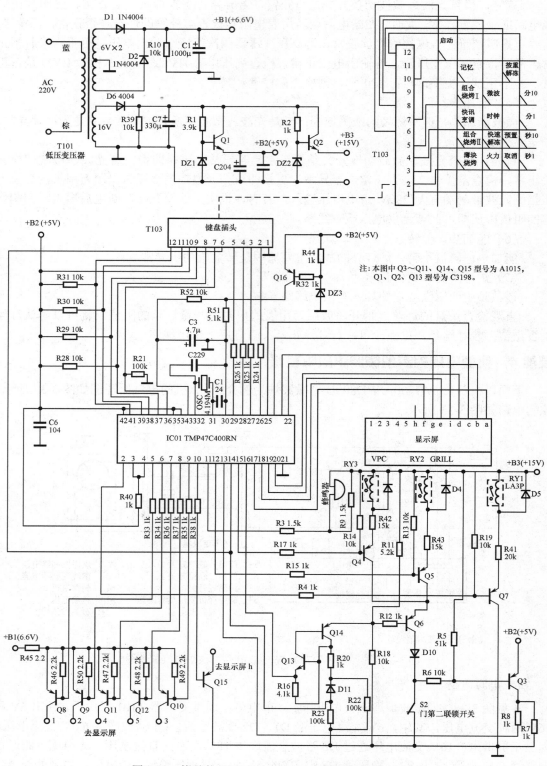

图 3-33　格兰仕 WD700A/WD800B 型微波炉控制电路

2. 微处理器电路

该机的微处理器电路由微处理器 TMP47C400RN（IC01）为核心构成，如图 3-33 所示。

（1）TMP47C400RN 的引脚功能

TMP47C400RN 的引脚功能如表 3-4 所示。

表 3-4 TMP47C400RN 的引脚功能

脚 位	功 能	脚 位	功 能
①	未用，悬空	㉑	接地
②	炉灯、转盘/风扇电机硅堆控制信号输出	㉒～㉕	显示屏驱动信号输出
③、④	外接上拉电阻	㉖～㉙	接操作键
⑤～⑨	显示屏驱动信号输出	㉚	接地
⑩	显示屏 h 驱动信号输出	㉛、㉜	外接时钟振荡器
⑪	蜂鸣器驱动信号输出	㉝	复位信号输入
⑫	烧烤加热器控制信号输出	㉞、㉟	5V 供电
⑬	炉门状态检测信号输入	㊱～㊴	接操作键
⑭	启动控制信号输入	㊵	—
⑮	微波或光波继电器控制信号输出	㊶	接操作键
⑯	检测信号输入	㊷	5V 供电
⑰～⑳	显示屏驱动信号输出		

（2）CPU 工作条件电路

① 5V 供电。插好微波炉的电源线，待电源电路工作后，由其输出的 5V 电压经电容滤波后，加到微处理器 IC01 的供电端㊷、㊴、㉟脚，为 IC01 供电。

② 复位。该机的复位信号由三极管 Q16、稳压管 DZ3 等元件构成复位电路提供。开机瞬间，由于 5V 电源在滤波电容的作用下是逐渐升高。当该电压低于 4.8V 时，Q16 截止，Q16 的 c 极输出低电平电压，该电压经 R52 加到 IC01 的㉝脚，使 IC01 内的存储器、寄存器等电路清零复位。随着 5V 电源电压的逐渐升高，当其超过 4.8V 后 Q16 导通，由它的 c 极输出高电平电压，该电压经 R52、C3 积分后加到 IC01 的㉝脚后，IC01 内部电路复位结束，开始工作。

③ 时钟振荡。IC01 得到供电后，它内部的振荡器与㉛、㉜脚外接的晶振 OSC 和移相电容 C124、C229 通过振荡产生 4.19MHz 的时钟信号。该信号经分频后协调各部位的工作，并作为 IC01 输出各种控制信号的基准脉冲源。

3. 炉门开关控制电路

如图 3-32、图 3-33 所示，关闭炉门时，联锁机构相应动作，使联锁开关 S1～S3 的触点闭合。S1、S3 的触点闭合后，将变压器 T、加热器 H 与熔断器 FUSE 的线路接通。S2 的触点闭合后，不仅将 Q6 的 c 极通过 D10 接地，而且通过 R6 使 Q3 导通。Q3 导通后，它的 c 极输出的电压通过 R8 限流，加到微处理器 IC01 的⑬脚，被 IC01 检测后识别出炉门已关闭，控制该机进入待机状态。反之，若打开炉门后，联锁开关 S1～S3 断开，不仅切断市电到 T、H 的回路，而且使 IC01 的⑬脚电位变为低电平，IC01 判断炉门被打开，不再输出微波或烧烤的加热信号，而由②脚输出低电平信号，该信号通过 R4 限流，使 Q7 导通，为继电器 RY1 的线圈供电，使它内部的触点吸合，为炉灯供电，使炉灯发光，以方便用户取、放食物。

4. 微波加热电路

首先，按下面板上的微波键，再选择好时间后，按下启动键，产生的高电平控制电压依次通过连接器 T103 进入微处理器电路。其中，T103 的⑥脚输入的控制电压不仅加到微处理器 IC01 的⑭脚，而且经 D11 使 Q13、Q14 组成的模拟晶闸管电路工作，为 Q6 的 b 极提供低电平的导通电压，使 Q6 始终处于导通状态。IC01 的⑭脚输入启动信号后，IC01 从内存调出烹饪程序并控制显示屏显示时间，同时控制②、⑮脚输出低电平控制信号。②脚输出的低电平控制信号通过 R4 限流，使 Q7 导通，为继电器 RY1 的线圈供电，使它内部的触点吸合，为炉灯、转盘电机、风扇电机供电，使炉灯发光，并使转盘电机和风扇电机开始旋转。⑮脚输出的低电平信号通过 R17 限流，使 Q4 导通，为继电器 RY3 的线圈供电，RY3 内的触点吸合，接通高压变压器 T 的初级绕组的供电线路，使 T 开始工作并输出 3.4V 电压和 2000V 的高压。3.4V 左右的工作电压点亮灯丝为阴极加热，2000V 左右的交流电压通过高压电容 C 和高压二极管 D 倍压整流后，产生 4000V 的负压，为磁控管 EA 的阴极供电，使阴极发射电子，磁控管产生的微波能经波导管传入炉腔，通过炉腔反射，最终将食物煮熟。

5．烧烤加热电路

烧烤加热控制电路与微波加热控制电路的工作原理基本相同，不同的是使用该功能时需要按下面板上的烧烤键，被微处理器 IC01 识别后，IC01 控制②脚和⑫脚输出低电平控制信号。如上所述，②脚输出的低电平控制信号使炉灯发光，并使转盘电机和风扇电机开始旋转。⑫脚输出的低电平信号通过 R15 限流，使 Q5 导通，为继电器 RY2 的线圈供电，使它内部的触点吸合，接通烧烤石英发热管的供电回路，使它开始发热，将食物烤熟。

6．过热保护电路

若磁控管的供电电路或散热系统异常，导致磁控管的工作温度过高时，温控器 S4 检测到的温度达到它的标称值后，使它的触点断开，切断整机供电线路，高压供电电路停止工作，避免了磁控管等元器件过热损坏，实现磁控管过热保护。

当加热管的供电电路异常，导致加热管温度过高，达到温控器 S4 的设置值后，它的触点断开，切断整机供电，以免加热管过热损坏或产生其他故障，实现加热管过热保护。

7．常见故障检修

（1）熔丝管 FUSE 熔断

该故障的主要原因：① 监控开关 S3 的触点粘连或炉门钩异常；② 高压变压器异常；③ 烧烤加热器异常；④ 转盘电机、风扇电机或炉灯短路。

怀疑 S3 的触点粘连或烧烤加热管短路时用指针万用表的 R×1 挡或数字万用表的 200Ω 挡就可以确认，而 S3 的炉门钩是否异常通过查看就可以确认；怀疑变压器、电动机异常时可采用开路进行判断。

（2）熔丝管 FUSE 正常，但显示屏不亮

该故障的主要原因：① 温控器（过热保护器）S4 开路；② 电源电路异常；③ 微处理器电路异常。

首先，检查温控器 S4 是否开路，若开路，更换并检查其开路的原因即可；若 S4 正常，测滤波电容 C204 两端有无 5V 供电电压，若不正常，测 C7 两端电压是否正常，若正常，说明 DZ1、Q1、C204 和负载。怀疑 5V 负载短路时，可利用万用表电阻挡测该器件的供电端对地阻值，若阻值较小，则说明该器件短路。若短路点不好查找，可结合开路法，即分别断开单元电路的供电端子，再通过测供电端子对地电阻的阻值，就可查出故障点。若 C7 两端电压不正常，测 C1 两端电压是否正常，若正常，查 D6、C7；若不正常，查变压器 T101。

若 5V 供电电路正常，查操作键是否正常，若不正常，更换即可；若正常，则检查微处

理器电路。首先，要检查 IC101 的供电端子⑫、㉟、㉞脚电压是否正常，若不正常，查供电线路；若正常，检查㊸脚有无复位信号输入，若有，查晶振 OSC、C124、C229；若没有，查 Q16、DZ3、C3、R52、R44。

（3）显示屏亮，炉灯不亮且不加热

该故障的主要原因：① 12V 供电异常；② 启动控制键电路异常；③ 炉门关闭检测电路异常；④ 使能控制电路异常。

首先，用万用表直流电压挡测 Q2 的 e 极输出的 12V 电压是否正常，若不正常，查 Q2、DZ2、R2 及负载电路；若 12V 电压正常，关闭炉门后，测微处理器 IC101 的⑬脚有无高电平信号输入，若没有，查 S2、Q3、R8、R6；若为高电平，查启动键和 IC101。

（4）微波不加热，但可以烧烤

该故障的主要原因：① 高压形成电路或磁控管异常；② 微波加热供电控制电路异常。

先用万用表的交流电压挡测高压变压器 T 的一次绕组有无 220V 市电电压输入，若没有，测继电器 RY3 的线圈有无供电；若有，查 RY3；若 RY3 的线圈无供电，测微处理器 IC101 的㊶脚能否为低电平，若不能，查微波控制键和 IC101；若能，查 R17 和 Q4。若 T 的一次绕组有 220V 交流电压，说明是由于高压形成电路或磁控管 EA 异常所致。首先，测 T 的二次绕组输出电压是否正常，若不正常，需要检查 T，若输出电压正常。断电后，则检查高压熔丝管 H.V.FUSE 是否熔断，若正常，磁控管的灯丝是否正常，若开路，需要更换磁控管；若熔断，检查高压电容 C、高压二极管 D 是否正常，若不正常，更换即可；若正常，则检查磁控管。

【方法与技巧】维修时，也可以采用拉弧的方法判断高压变压器能否输出高压。方法是：螺丝刀的金属部位接近变压器次级绕组输出端子时，若出现弧光，则说明变压器基本正常。

（5）能加热，但不烧烤

微波能加热、但不烧烤的故障原因：一是烧烤加热器异常；二是烧烤加热器的供电控制电路异常。

先用万用表的交流电压挡测烧烤加热器 EH 有无 220V 市电电压输入，若有，说明 EH 开路，断电后用电阻挡测量 EH 的阻值确认即可；若无供电，测微处理器 IC101 的⑫脚的电位能否为低电平，若不能，查烧烤控制键和 IC101；若能，查 Q5、RY2、R154。

（6）能加热，但转盘不转、炉灯不亮

能加热但转盘不转、炉灯不亮的主要故障原因是供电控制电路异常。

测微处理器 IC101 的②脚能否为低电平，若不能，查 IC101；若能，查 Q7、RY1、R4。

（7）炉灯不亮，其他正常

炉灯不亮，其他正常的主要故障原因是炉灯或其供电线路异常。

直观检查炉灯的灯丝是否开路或用万用表的电阻挡测量灯丝的阻值，就可以确认灯丝是否正常；若灯丝正常，查供电线路。

任务6 豆浆机/米糊机故障检修

豆浆机、米糊机采用微电脑控制技术，具有粉碎、加热、煮沸、防溢及缺水保护等功能，实现制浆自动化，是现代生活中做早餐的理想厨房用具。常见的豆浆机、米糊机实物图如图 3-34 所示。

图 3-34　常见的豆浆机、米糊机实物图

技能 1　豆浆机/米糊机的整机结构

下面以九阳 JYDZ-22 型豆浆机为例介绍豆浆机、米糊机整机构成，如图 3-35 所示。

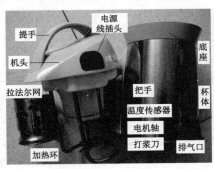

图 3-35　九阳 JYDZ-22 型豆浆机整机构成示意图

九阳豆浆机的打浆刀采用 X 型强力旋风刀片，在电动机的带动下完成豆浆的"精磨"。

拉法尔网（拉法尔滤网）是种先收缩后扩大的喷管，也称为拉法尔管。豆浆机、米糊机的拉法尔网采用大网孔，并且没有底网，在打浆时豆浆在通过拉法尔网收缩颈后，流速骤然增强加快，五谷配料在立体空间高速剪切、碰撞，经过上万次精细研磨，各种植物蛋白、碳水化合物、膳食纤维、维生素、微量元素等营养精华充分融入豆浆中的，并且豆渣也可以喝。目前，豆浆机、米糊机采用的"拉法尔网"不仅容易清洗，而且安装方便、使用寿命长。

技能 2　电动机机头的结构

下面以九阳 JYDZ-22 型豆浆机为例介绍豆浆机、米糊机机头的构成，如图 3-36 所示。

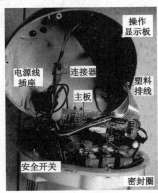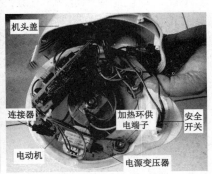

图 3-36　九阳 JYDZ-22 型豆浆机机头的构成

技能 3　典型豆浆机、米糊机的分析与检修

下面以九阳 JYDZ-22 型豆浆机为例介绍用万用表检修豆浆机故障的方法与技巧。该机电路由电源电路、微处理器电路、打浆电路、加热电路构成，如图 3-37 所示。

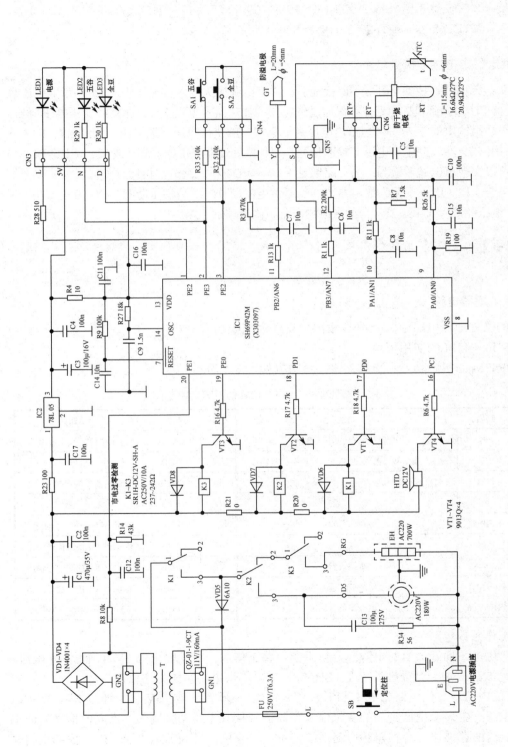

图3-37 九阳JYDZ-22型豆浆机电路

【提示】改变图中 R19 的阻值，该电路板就可以应用于多种机型。该电路的工作原理与故障检修方法还适用于九阳 JYZD-15（R19 为 100）、JYZD-17A（R19 为 750）、JYZD-20B、JYZD-20C、JYZD-22、JYZD-23（R19 为 8.2k）等机型。

1. 供电、市电过零检测电路

将机头装入桶体，使安全开关 SB 接通后，再将电源插头插入市电插座，220V 市电电压经 SB 和熔断器 FU 输入到机内电路，不仅通过继电器为加热器和电机供电，而且经变压器 T 降压，从它的次级绕组输出 11V 左右（与市电电压高低有关）的交流电压。该电压一路经 R8、R14 分压限流，利用 C12 滤波产生市电过零检测信号，加到微处理器 IC1 的⑳脚，被 IC1（SH69P42M）识别后就可以实现市电过零检测；另一路通过 VD1～VD4 桥式整流，再通过 C1、C2 滤波产生 12V 直流电压。12V 电压不仅为继电器、蜂鸣器供电，而且经三端稳压器 U2（78L05）输出 5V 电压。5V 电压经 C3、C4 滤波，为温度检测电路、微处理器电路供电。

【提示】由于 12V 直流供电未采用稳压方式，所以待机期间 C1 两端电压可升高到 15V 左右。

2. 微处理器电路

该机的微处理器电路由微处理器 SH69P42M 为核心构成。

（1）SH69P42M 的实用资料

SH69P42M 的引脚功能和引脚维修参考数据如表 3-5 所示。

表 3-5　微处理器 SH69P42M 的引脚功能

引脚	脚名	功能	引脚	脚名	功能
①	PE2	电源指示灯控制信号输出	⑫	PB3/AN7	水位检测信号输入
②	PE3	AN1 操作信号输入/五谷指示灯控制信号输出	⑬	VDD	供电
③	PD2	AN2 操作信号输入/全豆指示灯控制信号输出	⑭	OSC1	振荡器外接定时元件
④～⑥		未用，悬空	⑮		未用，悬空
⑦	RESET	复位信号输入	⑯	PC1	蜂鸣器驱动信号输出
⑧	VSS	接地	⑰	PD0	继电器 K1 控制信号输出
⑨	PA0/AN0	机型设置	⑱	PD1	继电器 K2 控制信号输出
⑩	PA1/AN1	温度检测信号输入接地	⑲	PE0	继电器 K3 控制信号输出
⑪	PB2/AN6	防溢检测信号输入	⑳	PE1	市电过零检测信号输入

（2）工作条件电路

① 5V 供电。插好该机的电源线，待电源电路工作后，由其输出的 5V 电压经 R4 限流，再经 C11 滤波后，加到微处理器 IC1（SH69P42M）的供电端⑬脚为它供电。

② 复位电路。复位电路由 IC1 和 R9、C14 构成。开机瞬间，5V 供电通过 R9、C14 组成的积分电路产生一个由低到高的复位信号。该信号从 IC1 的⑦脚输入，当复位信号为低电平时，IC1 内的存储器、寄存器等电路清零复位；当复位信号为高电平后，IC1 内部电路复位结束，开始工作。

③ 时钟振荡。时钟振荡电路由微处理器 IC1 和外接的 R27、C9 构成。IC1 得到供电后，

它内部的振荡器与⑭脚外接的定时元件 R27、C9 通过控制 C9 充、放电产生振荡脉冲。该信号经分频后协调各部位的工作，并作为 IC1 输出各种控制信号的基准脉冲源。

（3）待机控制

IC1 获得供电后开始工作，它的①脚电位为低电平，通过 R28 为电源指示灯 LED1 提供导通回路，使它发光，同时，IC1⑯脚输出的驱动信号经 R6 加到 VT4 的 b 极，经它倒相放大后驱动蜂鸣器 HTD 发出"嘀"的声音，表明电路进入待机状态。

3. 打浆、加热电路

杯内有水且在待机状态下，按下五谷或全豆键，微处理器 IC1 检测到②脚或③脚的电位由高电平变成低电平后，确认用户发出操作指令，不仅通过⑯脚输出驱动信号，驱动蜂鸣器 HDT 鸣叫一声，表明操作有效，而且从⑰、⑲脚输出高电平驱动信号。⑰脚输出的高电平控制信号通过 R18 限流，再经放大管 VT1 倒相放大，为继电器 K1 的线圈供电，使 K1 内的常开触点闭合，为继电器 K2 的动触点端子供电；⑲脚输出的高电平控制信号通过 R16 限流，再通过放大管 VT3 倒相放大，为继电器 K3 的线圈供电，使 K3 内的常开触点闭合，为加热管供电，它开始发热，使水温逐渐升高。当水温超过 85℃，温度传感器 RT 的阻值减小到设置值，5V 电压通过它与 R7 取样后电压升高到设置值，该电压加到 IC1、⑩脚，IC1 将该电压值与存储器存储的不同电压对应的温度值进行比较，判断加热温度达到要求，控制⑲脚输出低电平控制信号，控制⑱脚输出高电平控制电压。⑲脚输出的低电平电压使 VT3 截止，K3 的常开触点断开，加热管停止加热；⑱脚输出的高电平电压经 R17 限流使驱动管 VT2 导通，为继电器 K2 的线圈供电，使它的常开触点闭合，为电机供电，使电机高速旋转，开始打浆，经过 4 次（每次时间为 15 秒）打浆后，IC1 的⑱脚电位变为低电平，VT2 截止，电机停转，打浆结束。此时，IC1 的⑰脚又输出高电平电压，如上所述，加热器再次加热，直至五谷或豆浆沸腾，浆沫上溢到防溢电极，就会通过 R13 使 IC1⑪脚电位变为低电平，被 IC1 检测后，就会判断豆浆已煮沸，控制⑰脚输出低电平电压，使加热管停止加热。当浆沫回落，离开防溢电极后，IC1⑪脚电位又变为高电平，IC1 的⑰脚再次输出高电平电压，加热管又开始加热，经多次防溢延煮，累计 15min 后 IC1 的⑰脚输出低电平，停止加热。同时，⑯脚输出的驱动信号经 VT4 放大，驱动蜂鸣器报警，并且控制②脚或③脚输出脉冲信号使指示灯闪烁发光，提示用户自动打浆结束。

【提示】若采用半功率加热或电机低速运转时，微处理器 IC1⑯脚输出的控制信号为低电平，使放大管 VT1 截止，继电器 K1 的常闭触点接通，整流管 D6 接入电路，市电通过它半波整流后为电机和加热管供电，不仅使电机降速运转，而且使加热器以半功率状态加热。

4. 防干烧保护电路

当杯内无水或水位较低，使水位探针不能接触到水时，5V 电压通过 R2、R1 为微处理器 IC1⑫脚提供高电平的检测信号，被 IC1 识别后，输出控制信号使加热管停止加热，以免加热管过热损坏，实现防干烧保护。同时，控制⑯脚输出报警信号，使蜂鸣器 HDT 长鸣报警，提醒用户该机加热防干烧保护状态，需要用户向杯内加水。

5．常见故障检修

（1）不工作、指示灯不亮

该故障的主要故障原因：① 供电线路异常；② 电源电路异常；③ 微处理器电路异常。

首先，用万用表交流电压挡测市电插座有无 220V 左右的交流电压，若不正常，检修电源插座及其线路；若正常，用电阻挡测量该机电源插头两端阻值，若阻值为无穷大，说明电源线、熔断器 FU 或电源变压器 T 的初级绕组开路。确认电源线正常，就可以拆开外壳检修。此时，测 FU 是否开路，若开路，则检查电动机和电加热环；若 FU 正常，测 T 的初级绕组两端的阻值是否正常，若正常，说明电源线开路；若阻值仍为无穷大，说明 T 的初级绕组开路。若测量电源插头的阻值正常，说明电源电路或微处理器电路异常。此时，测 C3 两端有无 5V 电压，若有，查操作键 SA1、SA2 及微处理器 IC1；若 C3 两端无电压，说明电源电路或负载异常。此时，测 C1 两端有无 12V 电压，若无电压，检查线路；若有，测 C3 两端阻值是否正常，若正常，检查三端稳压器 IC2（78L05）；若异常，检查滤波电容 C3、C4 及负载。

（2）加热温度低、打浆慢

该故障说明继电器 K1 不工作，供电由整流管 D6 提供所致。该故障的主要原因：一是放大管 VT1 异常；二是 K1 异常；三是微处理器 IC1 异常。

加热期间，测继电器 K1 的线圈两端有无 12V 左右的直流电压，若有，检查 K1；若没有，测 VT1 的 b 极有无 0.7V 导通电压，若有，检查 VT1、K1；若没有，测微处理器 IC1 的⑰脚能否为高电平，若能，检查 R18、VT1；若不能，检查 IC1。

（3）能打浆，但不加热

该故障的主要原因：① 加热管开路；② 放大管 VT3 或 VT2 异常；③继电器 K3、K2异常；④ 温度传感器 RT 异常；⑤ 微处理器 IC1 异常。

加热时，测加热管供电端子有无市电电压输入，若有，检查加热管；若没有，测继电器 K3 的②脚有无供电，若没有，说明 K2 及其供电异常；若有，说明 K3 及其供电电路异常。确认 K3 及其供电异常后，测 VT3 的 b 极有无 0.7V 导通电压，若有，检查 VT3、K3；若没有，测微处理器 IC1 的⑲脚能否为高电平，若能，检查 R16、VT3；若不能，检查 IC1 的⑩脚输入的电压是否正常，若不正常，检查传感器 RT 是否漏电，R7 是否阻值增大，若它们异常，更换即可；若正常，则检测 IC1。若 IC1⑩脚输入的电压正常，测 IC1⑫脚电位是否为低电平，若不是，检查水位电极和 R1；若正常，检查 IC1。

确认 K2 及其供电异常后，测 VT2 的 b 极有无 0.7V 导通电压，若有，检查 VT2、K2；若没有，测 IC1 的⑱脚能否为高电平，若能，检查 R17、VT2；若不能，检查 IC1。

【提示】温度传感器 RT 的阻值在环境温度为 27℃时的阻值为 19.5kΩ 左右，以上元件异常还会产生加热不正常的故障。

【注意】加热管损坏时，必须要检查 IC1⑫脚电位在无水状态下是否为高电平，否则还可能导致更换的加热管再次损坏；若 IC1⑫脚电位不能为高电平，则检查水位电极、R2 是否开路，C6 是否漏电。

（4）能加热，但不打浆

该故障的主要原因：① 电机 M 异常；② 放大管 VT2 异常；③ 继电器 K2 异常；④ 微处理器 IC1 异常。

执行打浆程序时，测电机 M 的绕组有无供电，若有，维修或更换电机；若没有，测放大管 VT2 的 b 极有无 0.7V 导通电压，若有，检查 VT2、K2；若没有，测 IC1 的⑱脚能否为高电平，若能，检查 R17、T2；若不能，检查 IC1。

（5）不加热，蜂鸣器长鸣报警

该故障的主要故障原因：① 水位探针异常；② 微处理器 IC1 异常。

首先，检查水位探针是否锈蚀，接线是否开路，若探针正常，查 IC1。

（6）加热时有泡沫溢出

该故障的主要故障原因：① 防溢电极异常；② 继电器 K3 的常开触点粘连；③ 放大管 VT3 的 ce 结击穿；④ 微处理器 IC1 异常。

首先，在路测继电器 K3 的①、③脚间的阻值，以及 VT3 的 c、e 极间的阻值，判断它们是否短路；若是，更换即可排除故障；若未短路，测 IC1 的⑪脚电位能否为低电平，若不能，检查防溢电极及其线路；若能，查 IC1。

技能 4　豆浆机典型器件的拆装方法

下面以九阳 JYDZ-22 型豆浆机为例介绍豆浆机典型器件的拆卸方法。

1. 安全开关的拆卸

第一步，用十字小螺丝刀拆掉机头上的 7 颗螺丝，如图 3-38（a）所示；第二步，用小十字螺丝刀拆掉固定安全的开关，如图 3-38（b）所示。

如果感觉图 3-38（b）所示的方法拆卸或更换安全开关不方便，需要完全打开机头上盖时，则拔掉主板与操作显示板间的扁平塑料排线和连接器，如图 3-38（c）所示。

　　　　　（a）　　　　　　　　　　（b）　　　　　　　　　　（c）

图 3-38　九阳 JYDZ-22 型豆浆机安全开关的拆卸

【注意】安装机头上盖时，要注意密封圈是否损坏，若损坏，需要更换，以免进入水气导致电路板工作异常。另外，拔掉操作板与主板间的排线时，应注意方向，以免按反了方向导致豆浆机不能工作。

2. 刀片的拆卸

第一步，将电动机轴上包好软布，用克丝钳夹住软布，再用钳子或扳手拆掉固定刀片的螺母，如图 3-39（a）所示；第二步，取下刀片和 2 个垫圈，如图 3-39（b）所示。

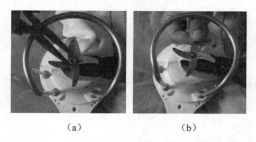

（a） （b）

图 3-39 九阳 JYDZ-22 型豆浆机刀片的拆卸

【注意】更换刀片，要在刀片上下各放一只垫圈（普通垫圈在刀片下边，弹簧垫圈在刀片上边），以免出现刀片松动的现象。

3. 电动机的拆卸

拆卸电动机时，需要打开机头上盖，拔掉主板与操作显示板间的排线，还要拆掉刀片，具体拆卸方法如图 3-41 所示。

第一步，断开主板与电动机的连线，用十字螺丝刀拆掉固定电动机上部的螺丝，如图 3-40（a）所示；第二步，拆掉固定密封圈的 2 颗螺丝及 4 个垫圈，如图 3-40（b）所示；第三步，取下密封圈，如图 3-40（c）所示；第四步，拆掉机头上固定电动机的 2 颗螺丝，如图 3-40（d）所示；第五步，向上提电动机尾部就可以拿出电动机，如图 3-40（e）所示。

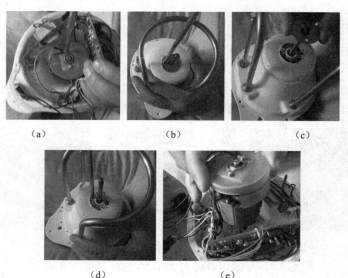

（a） （b） （c）

（d） （e）

图 3-40 九阳 JYDZ-22 型豆浆机电动机的拆卸

【注意】更换电动机时，要注意安装好机头底部的橡胶减震垫片，否则会产生电动机噪声大等异常现象。另外，固定电动机的螺丝上都需要安装 2 个垫圈，以免出现电动机晃动的现象。

任务 7　面包机故障检修

由于面包机使用方便，能轻松制作各种面包而得到广大消费者的青睐，正逐步走进千家万户。典型的面包机实物图如图 3-41 所示。

图 3-41　典型的面包机实物图

技能 1　典型面包机的构成

典型面包机由上盖、壳体、转轴（搅拌棒）、提手、面包桶、内胆、发热管（在内部图中未画出）、控制面板、排气孔、观察窗等构成，如图 3-42 所示。

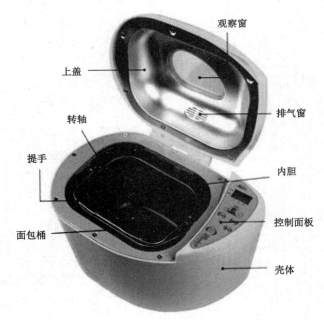

图 3-42　典型面包机的构成

技能 2　典型面包机故障检修

下面以 ACA（北美电器）MB-600 型面包机为例介绍电路工作原理和故障检修流程。该机电路由电源电路、微处理器电路、加热盘及其供电电路构成，如图 3-43 所示。

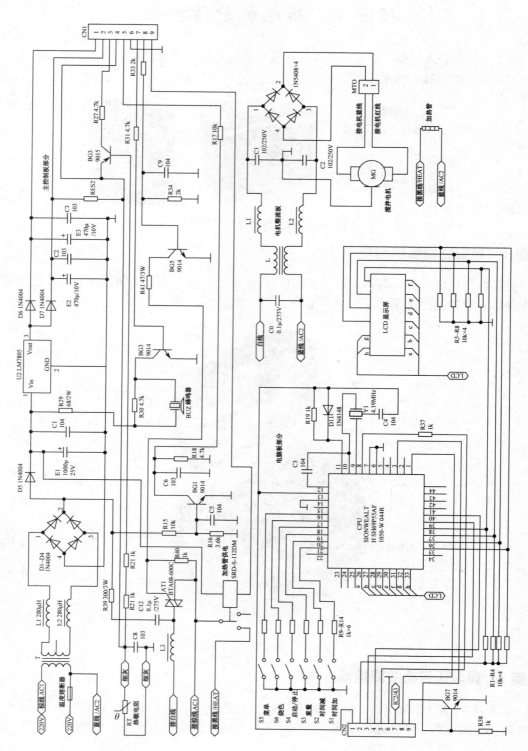

图 3-43 ACA（北美电器）MB-600 型电脑控制型面包机电路

1. 电源电路

插好电源线，220V 市电电压经热熔断器进入主板后，不仅为加热、搅拌系统供电，而且通过变压器 T 降压，再通过 D1～D4 桥式整流，产生的脉动直流电压一路送给市电过零检测电路；另一路通过 D5 送给 E1、C1 滤波，产生 12V 左右的直流电压。该电压不仅为继电器的线圈供电，而且通过 U2（LM 7805）稳压产生 5V 电压，经 D6、D7 降压得到的 4.3V 电压，利用 E2、C2 和 E3、C3 滤波后，再通过连接器 CN1/CN2 的①、②脚为电脑板的 CPU 和温度检测等电路供电。

2. 过零检测电路

整流管 D1～D4 输出的 100Hz 脉动直流电压经 R15、R26 分压限流，利用 C5 滤波后，再经 BG1 倒相放大，通过 C6 滤波产生基准信号。该信号经 R17、CN1/CN2 的⑤脚、R37 加到 CPU 的⑧脚。CPU 对⑧脚输入的信号检测后，输出的触发信号确保双向晶闸管 AT1 在市电的过零处导通，避免了 AT1 可能在导通瞬间过流损坏。

3. 微处理器电路

（1）基本工作条件电路

该机的微处理器基本工作条件电路由供电电路、复位电路和时钟振荡电路构成。

当电源电路工作后，由其输出的 4.3V 电压经 CN1/CN2 的①、②脚输入到电脑板。其中，①脚输入的电压加到 CPU 的供电端⑬脚，为它供电。CPU 得到供电后，它内部的振荡器与⑨、⑩脚外接的晶振 Y1 通过振荡产生时钟信号。该信号经分频后协调各部位的工作，并作为 CPU 输出各种控制信号的基准脉冲源。开机瞬间 CPU 内部的复位电路产生复位信号使它内部存储器、寄存器等电路复位，当复位信号为高电平后复位结束，开始工作。

（2）操作显示电路

该机的操作显示电路由功能操作键 S1～S5 和 LED 显示屏构成。

通过功能操作键进行操作时，产生的操作信号从 CPU 的⑯～㉑脚输入，被 CPU 识别后，从㉖～㉝、㉟～㉘脚输出显示屏控制信号，控制显示屏显示加热时间等信息。

（3）蜂鸣器电路

该机的蜂鸣器电路由蜂鸣器 BUZ、放大管 BG3、CPU 等构成。

当进行功能操作时，CPU 的㊸脚输出的脉冲信号经 CN2/CN1 的⑦脚输出后，利用 R31 限流，放大管 BG3 倒相放大后，驱动蜂鸣器 BUZ 发出声音，表明该操作功能已被 CPU 接受，并且控制有效。当加热等功能结束后，CPU 也会输出驱动信号使 BUZ 鸣叫，提醒用户加热等功能结束。

4. 搅拌电路

该机搅拌电路由搅拌电机、双向晶闸管 AT1、放大管 BG5 和 CPU 等构成。

需要搅拌时，CPU①脚输出的触发信号经 CN1/CN2 的⑧脚输出到主板，利用 R33 限流使 BG5 导通，它 c 极输出的电压经 R41 触发双向晶闸管 AT1 导通，接通 AC1 和白线。此时，市电电压经 C0、L、L1、L2、C1、C2 滤波后，再利用 4 只 1N5408 进行桥式整流产生脉动直流电压，经 MTO 的①、②脚为搅拌电机 MG 供电。MG 得电后运转，带动搅拌系统完成搅拌功能。

5. 加热电路

该机加热电路由加热管、继电器、温度传感器（负温度系数热敏电阻）RT、CPU 为核心构成。

当需要加热时，CPU③脚输出的控制电压经放大管 BG7 倒相放大，通过 CN2/CN1 的⑨脚为继电器的线圈供电，使继电器内的触点闭合，加热管得到供电后发热，开始烘烤，使炉内温度逐渐升高。当温度升至需要温度并持续一定时间后，温度传感器 RT 的阻值减小到需要值，4.3V 电压通过 RES2 和 RT 取样的电压减小到设置值。该电压经 C8 滤波，通过 CN1/CN2 的④脚加到 CPU 的⑩脚，CPU 将⑩脚输入的电压与内部存储的该电压对应的温度值进行比较，判断烘烤温度达到要求后，输出两路控制信号：一路通过③脚输出低电平信号，BG7 截止，继电器内的触点释放，加热管停止加热；另一路输出驱动信号使蜂鸣器 BUZ 鸣叫，提醒用户面包烘烤结束。

6. 过热保护电路

过热保护由热熔断器完成。当驱动管 BG7 的 ce 结击穿或继电器的触点粘连引起加热温度升高，达到热熔断器的标称值后它熔断，切断市电输入回路，避免加热管和相关器件过热损坏，实现了过热保护。

7. 常见故障检修

（1）不加热，显示屏不亮

不加热，显示屏不亮，说明供电线路、电源电路、微处理器异常。

首先，检测熔断器是否熔断，若是，说明有过流的现象。此时，在路测量 4 只 1N5408、放大管 BG1 是否击穿，若是，更换即可；若正常，测量 C0、双向晶闸管 AT1 是否正常，若不正常，更换即可；若正常，在路检测继电器的触点是否粘连，若是，更换继电器；若正常，检查搅拌电机。若熔断器正常，说明没有过流现象。此时，测 E3 两端有无 4.3V 电压，若有，说明微处理器电路异常；若没有，说明电源电路异常。确认微处理器电路异常时，主要检查晶振 Y1 和 CPU。确认电源电路异常时，测 E1 两端电压是否正常，若不正常，检查变压器 T 输入的电压是否正常，若不正常，检查线路，若正常，检查 L1、L2 和 T。确认 E1 两端电压正常后，检查 E3、E2、C2、C3 是否正常，若异常，更换即可；若正常，检查 U2 及其负载。

（2）搅拌电机不能运转

搅拌电机不能运转的故障原因：一是以双向晶闸管 AT1 为核心构成的供电电路异常，二是搅拌电路异常，三是 CPU 异常。

首先，测搅拌电机有无供电，若有，维修或更换电机；若没有，测 C0 两端有无正常的交流电压，若有，检查 C0 和 MG 间元件和线路；若没有，在路测放大管 BG5 是否正常，若不正常，更换即可；若正常，检查 CPU 的①脚有无触发脉冲输出，若没有，检查 CPU；若有，检查 R33、R41 和 C9 是否正常，若不正常，更换即可；若正常，检查双向晶闸管 AT1 是否正常，若不正常，更换即可；若正常，检查 C12、R39、R40。

（3）搅拌正常，但不能加热

搅拌正常，但不能加热的故障原因：一是加热盘或供电电路异常；二是温度检测电路异常；三是 CPU 电路异常。

首先，测加热管有无 220V 左右的供电电压，若有，维修或更换加热管；若没有，检查供电电路。此时，测继电器的线圈有无驱动电压，若有，检查继电器及其触点所接的线路；若没有，测 CPU③脚能否输出高电平电压，若能，检查放大管 BG7 和继电器；若没有，检查温度传感器 RT 是否正常，若不正常，更换即可；若正常，检查 C8、RES2 和 CPU。

（4）能加热，但面包不能烤熟或烤糊

能加热，但面包不能烤熟或烤糊，说明加热温度异常。该故障的主要原因有：一是放大管 BG7 的热稳定性能差；二是温度传感器 RT 的热敏性能差；三是继电器异常；四是 CPU 异常。

首先，测 CPU 输入的温度检测电压是否正常，若不正常，检查 RT 及其阻抗信号/电压信号变换电路；若电压正常，检查 CPU③脚输出的电压是否正常，若不正常，检查 CPU；若正常，检查放大管 BG7 和继电器。

任务8 筷子消毒器故障检修

筷子消毒器实物图也称为筷子消毒机、筷子消毒盒，它就是对筷子进行消毒的小家电。典型的筷子消毒器实物图如图 3-44 所示。

图 3-44 典型的筷子消毒器实物图

技能 1 典型筷子消毒器的构成

典型筷子消毒器由盒体、搁筷孔板、开关、电源线、消毒器件（在内部图中未画出）、出筷键等构成，如图 3-45 所示。

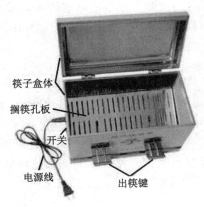

筷子盒体
搁筷孔板
开关
电源线
出筷键

图 3-45 典型筷子消毒器的构成

技能 2 典型筷子消毒器故障检修

下面以菲乐斯达 XK228 型筷子消毒器为例介绍电子控制型筷子消毒器的工作原理与常

见故障检修方法。该机电路由灯管、继电器、时基芯片 NE555、控制开关等构成，如图 3-46 所示。

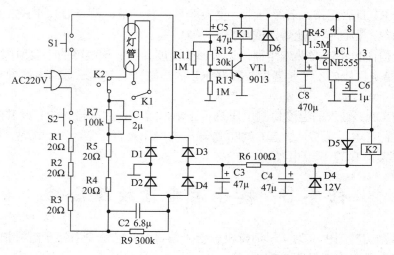

图 3-46　菲乐斯达 XK228 型筷子消毒器电路

1. 供电电路

将筷子放入消毒器内，盖好盒盖，微动开关 S1、S2 的触点受压接通，220V 市电电压经 R1～R3 限流后，一路经 R4、R5、R7//C1 和继电器 K2 的常闭触点加到灯管的一个供电端；另一路通过 C 降压后，再通过 D1～D4 桥式整流，C3 滤波产生 15V 左右的直流电压。该电压通过 R6 限流，C4 滤波，D4 稳压产生 12V 电压，不仅为继电器 K1、K2 的线圈供电，还为定时器和灯管启辉电路供电。

2. 灯管启辉电路

灯管启辉电路由继电器 K1、三极管 VT1、电容 C5 和 R11～R14 构成。开机瞬间由于 C5 需要充电，充电电流在 R11 两端产生的电压经 R12、R13 分压限流后，使 VT1 导通，为 K1 的线圈供电，它的常开触点吸合，接通了灯管的灯丝回路。当 C5 充电结束，使 VT1 截止，致使 K1 的触点释放，切断了灯丝回路，完成启辉，灯管开始工作。

3. 消毒控制电路

消毒控制电路由时基芯片 IC1（NE555）、C8、R15、C6 和继电器 K2 构成。

电源电路工作后，由它输出的 12V 电压加到 IC1 的⑧、④脚，使 IC1 工作，同时 12V 电压通过 R15 对 C8 充电，充电使 IC1 的②、⑥脚电压低于 4V（1/3Vcc）时，IC1 内的触发器置位，使 IC1 的③脚内部电路截止，继电器 K2 不工作。随着充电的不断进行，当 C8 两端电压超过 8V（2/3Vcc）后，触发器复位，使 IC1 的③脚输出低电平，为 K2 的线圈供电，使 K2 内的常闭触点断开，切断灯管的供电电路，灯管停止工作，消毒工作结束。

4. 常见故障检修

（1）不能消毒，继电器也不动作

该故障的主要故障原因：① 供电线路异常；② 电源电路异常；③ 灯管启辉电路异常；④ 灯管异常；⑤ 灯管供电电路异常。

　　首先，检查电源线和电源插座是否正常，若不正常，检修或更换；若正常，拆开该机的外壳后，测灯管两端供电电压是否正常，若正常，检查灯管有无启辉电压，若有，说明灯管异常；若灯管没有启辉电压，说明电源电路或启辉电路异常。此时，检查 C4 两端电压是否正常，若正常，检查 VT1 的 b 极有无导通电压输入，若有，检查 VT1、继电器 K1；若没有电压，检查 C5、R12 和 VT1；若 C4 两端电压不正常，测量 C3 两端电压是否正常，若正常，检查 R6、C4、D4、IC1；若不正常，检查 C2、D1～D4、C3。

　　若灯管两端供电异常，说明限流电阻异常或继电器 K2 误动作。首先，测量 C1 的上端与 D1 的负极间电压是否正常，若正常，说明 K2 误工作；若不正常，检查 R1～R5、C1。确认 K2 误动作后，测量 IC1 的③脚有无低电平电压输出，若无，检查 IC1；若有，检查 C8、R15、C6、IC1。

　　（2）消毒效果差

　　该故障的主要故障原因：一是灯管老化，二是供电电压低，三是消毒时间短。

　　消毒时间短的主要原因是定时电容 C8 的容量不足。供电电压低的原因是限流电阻阻值增大，电容 C1 的容量减小。

 思考题

　　1．电烤箱由哪些元器件构成？电烤箱是如何加热的？如何检修电烤箱的常见故障？

　　2．电饼铛由哪几部分构成？主要器件有哪些？电饼铛是如何加热的？电饼铛的常见故障如何检修？掌握电饼铛的拆装方法。

　　3．消毒柜由哪几部分构成？高温型消毒是如何工作的？臭氧消毒是如何工作的？消毒柜的常见故障如何检修？

　　4．食品搅拌机/料理机由哪几部分构成？普通食品搅拌机是如何控制电动机运转的？电子控制型食品搅拌机是如何控制电动机工作的？普通食品搅拌机和电子控制食品搅拌机在电动机不转故障如何检修？

　　5．微波炉由哪几部分构成？微波炉典型元器件如何检测？普通微波炉如何控制磁控管工作？普通微波炉常见故障如何检修？电脑控制型微波炉如何控制磁控管工作？电脑控制型微波炉常见故障如何检修？

　　6．豆浆机由哪几部分构成？豆浆机的机头由哪几部分构成？电动机是如何制作豆浆的？电动机常见故障如何检修？豆浆机的刀片如何拆卸？电动机如何拆卸？

　　7．面包机由哪几部分构成？面包机是如何搅拌的？是如何加热的？常见故障如何检修？

　　8．菲乐斯达 XK228 型筷子消毒器灯管启辉电路是如何工作的？菲乐斯达 XK228 型消毒筷子电路是如何工作的？菲乐斯达 XK228 型消毒器故障如何检修？

家居类小家电故障检修

任务 1　电水壶故障检修

电水壶的基本功能是烧水。常见的电水壶实物图如图 4-1 所示。

（a）一体式　　　　　　　　　　（b）分体式

图 4-1　常见的电水壶实物图

技能 1　分体式电水壶的构成

分体式电水壶由壶体、底座两部分构成。而底座由电源线、供电插座、升降保护环等构成；壶体的供电部分由安全插头和 L、N 接触环等构成，如图 4-2 所示。

（a）整体构成

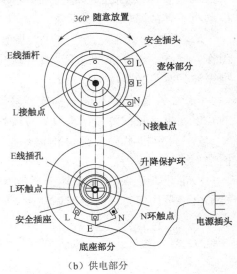

（b）供电部分

图 4-2　分体式电水壶的构成

技能 2　分体式电水壶典型器件的检测

普通分体式电水壶的典型器件有加热管、热保护器、蒸汽式断电开关。下面以格来德 WEF-115S 电水壶为例介绍热保护器、蒸汽式断电开关、加热管的检测方法。

1．热保护器

分体式电水壶的热保护器（温控器）可在路检测，也可以非在路检测。用数字万用表通断挡（二极管挡）在路检测温控器时，正常的数字较小且蜂鸣器鸣叫，如图 4-3 所示；若数值为 1，说明触点断开。

图 4-3　热保护器的检测

2．蒸汽式断电开关

普通分离式电水壶的蒸汽式断电开关可在路检测，也可以非在路检测。在路检测时，蒸汽式断电开关的触点接通后，用数字万用表的通断挡（二极管挡）检测后数值较小，并且蜂鸣器会鸣叫，如图 4-4（a）所示；触点断开时，数字万用表显示的数字为 1，如图 4-4（b）所示。若拨动开关时，万用表显示的数字始终为 0，说明触点粘连；若显示的数字始终为 1，说明触点开路。

（a）触点接通　　　　　　　　　　（b）触点断开

图 4-4　蒸汽式断电开关的检测

3．加热管

分体式电水壶的加热管可在路检测，也可以非在路检测，下面介绍 1500W 加热管（或加热带）的在路检测方法。正常的 1500W 加热管的阻值为 35.4Ω 左右，如图 4-5（a）所示；用 200MΩ 电阻挡测加热管供电端子对外壳的漏电阻值应为无穷大（显示 1），如图 4-5（b）所示。若加热管的导通阻值为无穷大，则说明加热管烧断；若导通阻值或大或小，说明内部接触不良；若漏电阻值不为无穷大，则说明加热管漏电。

（a）导通阻值　　　　　　　　（b）漏电阻值

图 4-5　加热管的检测

技能 3　非保温型电水壶故障检修

下面以格来德 WEF-115S 电水壶为例介绍分体式电水壶电路的故障检修方法。该电路由加热管 EH、电源开关 K1、热保护器 ST1/ST2、指示灯等构成，如图 4-6 所示。

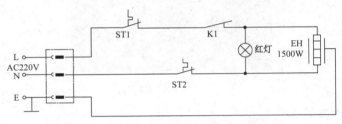

图 4-6　格来德 WEF-115S 型电水壶电路

1．电路分析

需要烧水时，装入适量水的壶体安放在底座上，接通电源开关 K1 后，此时 220V 市电电压经热保护器 ST1、ST2、K1 的触点两路输出：一路为红色指示灯（氖泡）供电，使其发光，表明该壶工作在加热状态；另一路为加热管 EH 供电，使它开始发热烧水。当水烧开后，水蒸气使蒸汽控制型电源开关的簧片变形，将其触点断开，切断 EH 的供电回路，烧水结束。

热保护器 ST1、ST2 采用的是 KSD201/EC 型温控器。当电源开关 K1 异常使加热管 EH 加热时间过长，导致壶底的温度达到 125℃时，ST1、ST2 的触点断开，切断市电输入回路，实现过热断电保护。

2．常见故障检修

普通非保温型电水壶常见故障检修方法如表 4-1 所示。

表 4-1　普通非保温型电水壶常见故障检修

故障现象	故障原因	故障检修
不加热，指示灯不亮	没有市电输入	测市电插座有无 220V 交流电压，若没有，维修插座及其线路；若有，检查电源线是否正常，若不正常，更换即可；若正常，检查电水壶电路
	电源开关 K1 开路	在路测量就可以确认，更换相同的开关即可
	温控器异常	在路测量就可以确认，更换相同的温控器即可
不加热，指示灯亮	加热管供电线路开路	检查加热管供电线路是否正常，若异常，维修或更换即可
	加热管 EH 开路	检查加热管 EH 的供电是否正常，若异常则说明 EH 开路
加热温度低	温控器 ST1、ST2 异常	在路测量就可以确认，更换相同的温控器即可
	电源开关 K1 开路	在路测量就可以确认，更换相同的开关即可

技能 4　保温型电水壶电路故障检修

下面以九阳 JYK-311 保温型分体式快速电水壶为例介绍此类电水壶的电路原理与故障检修方法。该电水壶电路由温控器 ST1、ST2，加热器 EH1、EH2，热熔断器 FU、指示灯等构成，如图 4-7 所示。

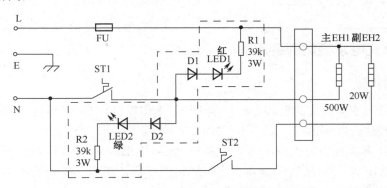

图 4-7　九阳 JYK-311 型电水壶电路

1．电路分析

（1）烧水电路

当壶体放在底座上后，在重力的作用下，底座上的升降保护环被压下，使 L、N 环的触点露出，最终使底座输入的市电电压进入壶体电路。当壶体内的水温较低时，温控器 ST1、ST2 的触点接通，220V 市电电压经过热熔断器 FU 和 ST1、ST2 输入后，不仅经电阻 R1、R2 限流，二极管 D1、D2 半波整流，使红色发光管 LED1 和绿色发光管 LED2 同时发光，表明电水壶处于烧水状态，而且为加热器 EH1、EH2 供电，使 EH1、EH2 加热烧水，使水温逐渐升高。当水温超过温控器 ST2 的设置温度后，ST2 的触点断开，不仅使 EH2 停止加热，而且使 LED2 熄灭，此时仅由 EH1 继续加热，当水烧开并达到 ST1 的设置温度后，ST1 的触点断开，切断 EH1 的供电回路，使它停止加热，进入保温状态，同时使指示灯 LED1 熄灭。随着保温的不断进行，水温下降到 ST2 的闭合温度后，它的触点接通，不仅使 EH2 发热，而且使 LED2 发光，表明该壶进入保温状态。这样在 ST2 的控制下，该机就会实现保温控制功能。

（2）过热保护电路

一次性温度熔断器 FU 用于过热保护。当开关 ST1 异常使加热器 EH1 加热时间过长，导致加热温度达到 FU 的标称值后 FU 熔断，切断市电输入回路，实现断电保护。

2．常见故障检修

保温型电水壶常见故障检修方法如表 4-2 所示。

表 4-2　保温型电水壶常见故障检修

故障现象	故障原因	故障检修
不加热，指示灯不亮	没有市电输入	用正常的市电插座供电后，若仍不能烧水，则需要检查电水壶电路
	热熔断器 FU 开路	在路测量就可以确认，若 FU 熔断，则需要检查温控器 ST1 的触点是否粘连、加热管 EH1 是否击穿；如果它们都正常，更换 FU 即可
指示灯 LED1 亮，加热管 EH1 不加热	EH1 供电线路开路	检查加热管供电线路是否正常，若异常，维修或更换即可
	加热管 EH1 开路	检查加热管 EH1 的供电正常，则说明 EH1 开路

续表

故障现象	故障原因	故障检修
加热温度低	温控器 ST1 异常	在路测量就可以确认，更换相同的温控器即可
不能保温	温控器 ST2 异常	在路测量就可以确认，更换相同的温控器即可
	加热器 EH2 或其供电线路开路	检查加热器 EH2 的供电线路是否正常，若异常，维修或更换即可；若正常，检查 EH2

技能 5 分体式电水壶的拆装方法

1．底座的拆卸

普通分体式电水壶底座的拆卸方法基本相同，下面以格来德 WEF-115S 型电水壶为例介绍此类电水壶底座的拆卸方法，如图 4-8 所示。

用三角螺丝刀拆掉固定压线板上的 3 颗螺丝钉，如图 4-8（a）所示；取下压线板，如图 4-8（b）所示；翻转压线板，就会露出接线的连接器，如图 4-8（c）所示；用力就可以从连接器上拔下电源线，如图 4-8（d）所示。

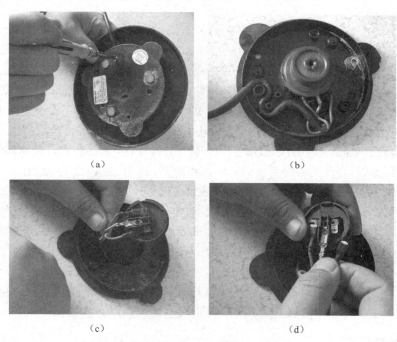

（a） （b）

（c） （d）

图 4-8 底座压线板的拆卸

2．壶体的拆装

分离式电水壶壶体的拆卸方法基本相同，下面以格来德 WEF-115S 电水壶为例介绍此类电水壶壶底的拆卸方法。

（1）温控器固定板的拆卸

第一步，用十字螺丝刀拆掉底座的 3 颗螺丝钉，如图 4-9（a）所示；第二步，用十字螺丝刀拆掉把手上的 1 颗螺丝钉，如图 4-9（b）所示；第三步，拿掉底盖，就可以看到热保护器、加热管，如图 4-9（c）所示；拆掉固定温控器（热保护器）板的 3 颗螺丝钉，就可以取下温控器板，如图 4-9（d）所示。

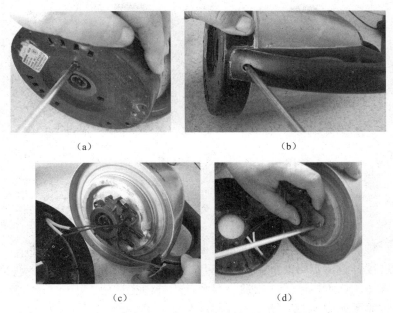

（a） （b）

（c） （d）

图 4-9 底盖的拆卸

（2）把手外壳的拆卸

第一步，用十字螺丝刀拆掉手上的 1 颗螺丝钉；第二步，用镊子轻轻掰上盖的一侧，取下上盖，如图 4-10（a）所示；第三步，拆掉把手上端的 2 颗固定螺丝钉，如图 4-10（b）所示；第四步，拿掉把手的外壳，如图 4-10（c）所示。

（a） （b）

（c）

图 4-10 把手的拆卸

（3）蒸汽式断电开关的拆卸

拆掉把手的外壳就可以看到蒸汽开关，用十字螺丝刀拆掉固定蒸汽式断电开关的 1 颗螺丝钉，如图 4-11（a）所示；第二步，取出蒸汽式断电开关并拔掉它的供电端子上的连线，如图 4-11（b）所示。

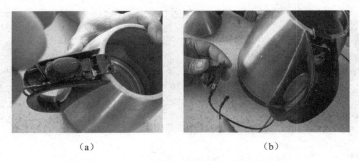

（a）　　　　　　　　　（b）

图 4-11　蒸汽式断电电源开关的拆卸

任务2　饮水机故障检修

饮水机是一种使用方便的电冷热饮水用器具。饮水机不仅能使用纯净水，而且能利用过滤器对自来水进行过滤、消毒，并且可以烧开水，还可以利用制冷设备冷却水，给人们的生活带来了很大方便。饮水机除了非常适合家庭使用外，也适用于工厂、金融、事业单位等。常见的饮水机实物图如图 4-12 所示。

图 4-12　常见的饮水机实物图

技能 1　饮水机的构成

饮水机主要由蓄水箱、通气管、聪明座、热水箱（热水罐）、水龙头、管路等构成，如图 4-13 所示。

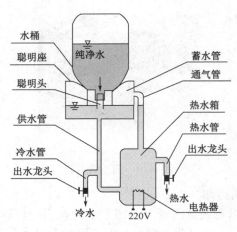

图 4-13　饮水机的构成

1. 聪明座

聪明座称为聪明头，它位于盛桶装水的桶和放置桶的机体之间，构造比较简单，多为近似圆柱体，如图 4-14 所示。当饮水机上方出水口存水较少时，将会有水从桶内流出，经过聪明座注入饮水机蓄水箱。若出水口的水较充足，聪明座上方的过滤器会浮起，阻止水从桶内流出，防止水溢出。

图 4-14　常见的饮水机聪明座

【提示】聪明座异常后，不仅会产生不能向蓄水箱注水或注水较慢的故障，而且会产生溢出机外的故障。

2. 热水罐

热水罐是用于烧水和存储热水的容器，常见的饮水机热水罐如图 4-15 所示。

图 4-15　常见的饮水机热水罐

【提示】热水罐很少出现故障，主要的故障现象是漏水。而它内部的加热器和外部的温控器故障率较高。两只温控器的外形和电水壶使用的温控器基本相同，其中一只温控器用于温度控制，另一只用于热保护。用于过热保护的温控器动作后，需要人工复位。

3. 加热管

饮水机使用的加热管基本相同，如图 4-16 所示。

（a）未带法兰盘　　　　（b）带法兰盘

图 4-16　饮水机加热管

技能 2　普通冷/热饮水机故障检修

下面以安吉尔 JD-12LH 型冷/热饮水机为例介绍普通冷/热式饮水机的常见故障检修方法。安吉尔 JD-12LH 型冷/热饮水机的电路由加热电路和制冷电路两部分构成，如图 4-17 所示。

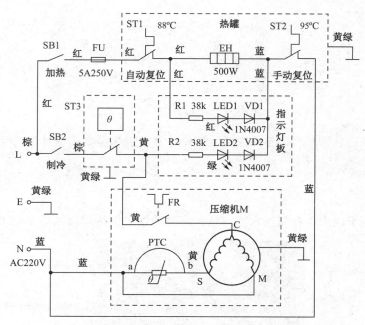

图 4-17　安吉尔 JD-12LH 型冷/热饮水机电路

1．加热电路

加热电路由加热开关 SB1、加热器 EH、温控器 ST1、过热保护器 ST2、指示灯等构成。

插好电源线并按下加热开关 SB1 后，220V 市电电压通过熔断器 FU、温控器 ST1 输入，一路经加热器 EH、过热保护器 ST2 为加热器供电，使它开始加热，而且通过 R1 限流，VD1 半波整流，使发光管 LED1 发光，表明该机处于加热状态。水温随着加热的不断进行逐渐升高，当温度达到 88℃后，温控器 ST1 的触点断开，EH 停止加热，进入保温状态。当水温下降到某一值时，ST1 的双金属片复位，触点闭合，再次接通电源，如此反复，使饮水机的温度控制在一定范围内。

当水罐内无水或温控器异常，使水罐的温度超过 95℃后，过热保护器 ST2 断开，切断整机供电，以免加热器烧断或产生其他故障，实现过热保护。ST2 动作后需要手动复位才能再次接通。

2．制冷电路

制冷电路由制冷开关 SB2、温控器 ST3、启动器 PTC、过载保护器 FR、压缩机 M、指示灯 LED2 等构成。

接通制冷开关 SB2 后，220V 市电电压通过温控器 ST3 输入，一路通过 R2 限流，VD2 半波整流，使指示灯 LED3 发光，表明该机进入制冷状态；另一路通过启动器 PTC 为压缩机 M 的启动绕组提供启动电流，使 M 启动运转，开始制冷。由于 PTC 是正温度系数热敏电阻，所以当压缩机运转后，它的阻值会迅速增大。随着制冷的不断进行，冷水罐的温度都在逐步下降，当冷水的温度达到 4℃，温控器 ST3 的触点释放，压缩机 M 因没有供电而停止工作，饮水机进入保温状态。随着保温的不断进行，冷水罐和冷藏室的温度都在逐步升高，当冷水的温度升高到 10℃，ST3 的触点再次闭合，压缩机 M 会再次运转，饮水机进入下一轮制冷状态。

正常时，过载保护器 FR 的触点是闭合的。当压缩机过载时电流增大，使 FR 内的电热器产生的压降增大而使其发热，双金属片会因受热迅速变形，使触点断开，切断压缩机供电回路，压缩机停止转动。另外，因 FR 紧固在压缩机外壳上，当压缩机的壳体温度过高时，也会导致 FR 内双金属片受热变形，切断压缩机供电电路。过几分钟后，随着温度下降，FR 内双金属片恢复到原位，又接通压缩机的供电回路，压缩机继续运转。但故障未排除前，FR 会继续动作，直至故障排除。FR 在接通、断开时，会发出"咔嗒"的响声。

3. 常见故障检修

安吉尔 JD-12LH 型冷/热饮水机常见故障检修方法如表 4-3 所示。

表 4-3　安吉尔 JD-12LH 型冷/热饮水机常见故障检修

故障现象	故障原因	故障检修
不加热、不制冷	没有市电输入	用正常的市电插座供电后，若仍不能烧水，则需要检查饮水机电路
不加热，LED1 不亮	热熔断器 FU 开路	在路测量就可以确认，若 FU 断路，则需要检查温控器 ST1、ST2 的触点是否粘连、加热管 EH 是否击穿；如果它们都正常，更换 FU 即可
	加热开关 SB1 开路	在路检查就可以确认，若异常，维修或更换即可
	温控器 ST1 或 ST2 异常	在路检查 ST1、ST2 是否正常即可。若 ST2 开路，手动复位后能否恢复正常，若正常，多为 ST2 误动作所致；若不能复位，则需要更换
不加热，LED1 亮	加热器 EH 异常	通过测量 EH 的阻值就可以确认
加热温度低	温控器 ST1 异常	可通过短接的方法确认
	温控器 ST2 异常	确认 ST1 正常后，可通过短接的方法确认
	加热器 EH 或其供电线路开路	检查加热器 EH 供电线路是否正常，若异常，维修或更换即可；若正常，检查 EH
不制冷，LED2 不亮	制冷开关 SB2 开路	在路检查就可以确认，若异常，维修或更换即可
	温控器 ST3 异常	可通过测量阻值或短接的方法确认
不制冷，LED2 亮	压缩机运转	多为制冷系统泄漏所致。查找漏点，补焊、抽空、加注适量的制冷剂后封焊即可
	压缩机不转	检查启动器 PTC 是否正常，若异常，更换相同的启动器；若启动器正常，检查过载变换器 FR 是否正常，若异常更换过载变换器；若 FR 正常，检查压缩机

技能 3　半导体制冷型冷/热饮水机故障检修

下面以安吉尔 JD-26T 半导体制冷型冷/热式饮水机电路为例介绍此类饮水机故障检修方法。该电路由加热控制和制冷控制两部分构成，如图 4-18 所示。该加热电路与安吉尔 JD-12LH 型冷/热饮水机的加热电路相同，所以下面仅介绍制冷电路的原理与故障检修方法。制冷电路由电源电路、制冷开关 SB2、双电压比较器 LM393P（IC-1、IC-2）、温度传感器（负温度系数热敏电阻）RT、场效应管 VT、半导体制冷片 PN、熔断器 FU2、指示灯构成。

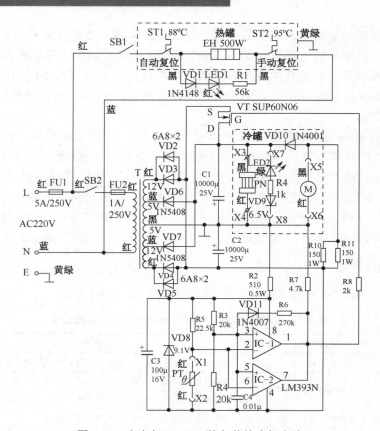

图 4-18　安吉尔 JD-26T 型冷/热饮水机电路

1．电源电路

接通制冷开关 SB2 后，220V 市电电压通过 SB2、熔丝管 FU2 输入后，利用电源变压器 T 降压，从它的二次绕组输出 12V 和 5V 交流电压。其中，5V 交流电压经 VD6、VD7 全波整流，利用 C1 滤波产生 -6V 左右的直流电压，为 PN 供电。而 12V 交流电压一路经 VD2、VD3 整流，加到场效应管 VT 的 S 极另一路经 VD4、VD5 整流，C2 滤波，产生 -12.5V 左右的直流电压。该电压通过 R2 限流，C3 滤波，VD8 稳压产生 -9.1V 电压，它不仅加到 LM393N（IC）的④脚，为 IC 供电，而且通过 R3、R4 取样产生 -4.5V 的取样电压，为 IC 的同相输入端③、⑤脚提供参考电压。

2．制冷电路

当冷水罐内的水温超过 15℃ 后，温度传感器 RT 的阻值较小，-9V 电压通过 R5、RT 取样后的电压低于 -4.5V，经 LM393N 内的比较器比较后使它的①、⑦脚输出高电平电压。该电压经 R8 限流使场效应管 VT 导通，-12.5V 左右电压第一路加到半导体制冷片 PN 的两端，使它进入强制冷状态，开始为冷水罐制冷，使水温逐渐下降；第二路为风扇电动机 M 供电使它运转，为 PN 散热；第三路通过 VD9 降压、R4 限流，使 LED1 发光，表明该机工作在制冷状态。当冷水罐内水温降低到 7℃，RT 的阻值增大到设置值，为 IC 的②脚提供的电压超过 4.5V，使 IC①脚输出低电平电压，VT 因 G 极无电压输入而截止。VT 截止后，C2 两端的 -6V 电压为 PN 和电动机 M 供电，不仅使 PN 工作在弱制冷状态，而且使 M 低速运转，继续为 PN 散热。同时，由于 VD9 截止，使 LED1 熄灭，表明该机进入保温状态。

【提示】半导体制冷片 PN 不仅具有尺寸小、重量轻、无噪声等优点，而且改变接在 PN 两端的电压极性，冷、热端也会随之改变，可以使它的工作状态变为制热状态，使用起来非常方便。典型饮水机用的半导体制冷片如图 4-19 所示，半导体制冷片的散热风扇如图 4-20 所示。

图 4-19　典型饮水机半导体制冷片　　　　　图 4-20　典型饮水机散热风扇

3．常见故障检修

（1）不能制冷

该故障的主要原因：① 制冷开关 SB2 异常；② 电源电路异常；③ 半导体制冷片 PN 异常。

首先，查看风扇电动机是否转动，若转动，检查 PN 及其连接线路；若不运转，说明电源电路未工作。此时，检查 SB2 是否开路，若开路，更换即可；若 SB2 正常，检查熔丝管 FU2 是否正常；若开路，说明有过电流现象。然后，检测 VD2～VD5、C1、C2 是否击穿或漏电，若它们异常，更换即可排除故障；若它们正常，检查制冷片 PN 和风扇电动机是否正常，若不正常，更换即可；若正常，更换 FU2，若不再熔断，说明 FU2 误熔断；若再次熔断，说明变压器 T 或其整流滤波电路异常。

【注意】若半导体制冷片损坏，必须要检查风扇能否正常运转，以免更换后的半导体制冷片再次过热损坏。

（2）能制冷，但效果差

该故障的主要原因：① 场效应管 VT 异常；② 传感器 RT 异常；③运放 IC 异常；④半导体制冷片 PN 异常。

首先，测 PN 两端电压是否为 12.5V，若是，查 PN；若电压低，测 C1 两端电压是否正常，若正常，说明控制电路异常；若不正常，查 VD2～VD5、C1。

确认控制电路正常后，首先，测 IC①脚能否输出高电平电压；若能，查场效应管 VT；若不能，测 C3 两端电压是否正常，若不正常，查 C3、VD8、R2；若正常，查传感器 RT 是否正常，若异常，用相同的负温度系数热敏电阻更换即可；若正常，检查 R5、R4、R7 是否正常，若异常，更换即可；若正常，更换 LM393N。

（3）制冷温度过低

该故障的主要原因：① 场效应管 VT 击穿；② 传感器 RT 漏电；③ LM393N 异常；④ 半导体制冷片 PN 异常。

首先，在路检测 VT 是否击穿，若是，用相同或相近的场效应管更换 VT；若正常，测

LM393N 的②脚电位是否低于③脚电位，若是，查传感器 RT 是否正常，若异常，用相同的负温度系数热敏电阻更换即可；若正常，检查 R5、R4 和 LM393N。

任务 3　电淋浴器故障检修

电淋浴器也称为电热水器，它的功能就是烧水和保温。常见的电热水器实物图如图 4-21 所示。

图 4-21　常见的电热水器实物图

技能 1　电热水器的分类与构成

1. 分类

电淋浴器有 KCD 和 FCD 两种。KCD 热水器属于敞口式热水器，内胆不受混水阀控制，直接与出水管、混水阀、淋浴软管、淋浴喷头相通，出水口始终保持敞开，内胆无压力。FCD 热水器属于闭口式热水器，内胆受混水阀控制，与外界隔离，而自来水与内胆保持常通，这样热水器的内胆至少要承受自来水的压力。

2. 构成

电热水器通常由箱体系统、控制系统、进出水系统、制热系统 4 个部分构成。常见的电热水器内部构成如图 4-22 所示。

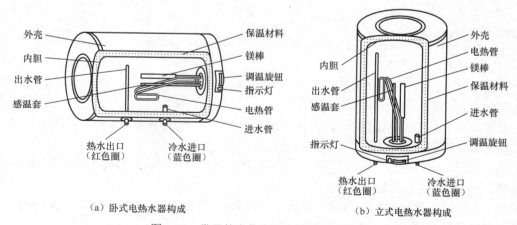

（a）卧式电热水器构成　　　　　　（b）立式电热水器构成

图 4-22　常见的电热水器内部构成示意图

（1）箱体系统

箱体系统主要由内胆、保温层、外壳等构成。其中，储水式内胆多采用锰钛钢金属制成，其表面有搪瓷或环氧粉末高温绝缘涂层，以免内胆带电。同时，为了防止内胆被腐蚀，还设置了防腐蚀装置。

132

（2）控制系统

控制系统的功能主要是对进水系统、制热系统进行控制。

（3）进出水系统

进出水系统的功能就是为内胆加水和控制喷头出水。该系统主要由加水管、安全阀、混水阀、淋浴软管、淋浴喷头构成。

（4）制热系统

制热系统的功能就是为内胆水加热，主要由加热管、温控器、漏电保护器构成。

技能2 特殊器件的识别

1. 安全阀

（1）作用

安全阀主要有 3 个作用：① 反向截止作用，也就是冷水只能进入内胆，而不能从内胆回流到自来水管管路内；② 达到一定压力后自动泄压，用于过压保护；③ 热水烧开后排空，减少水蒸气。常见的安全阀实物与构成如图4-23所示。

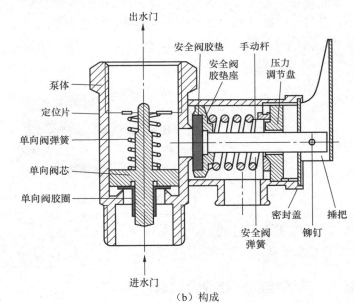

（a）实物　　　　　　　　　　　　　　　（b）构成

图4-23 常见的安全阀实物与构成示意图

（2）原理

如图 4-23（b）所示，当内胆的压力小于自来水的压力时，反向截止阀弹簧在自来水水压的作用下被压缩，反向阀芯上移，自来水经进水口进入内胆。当停水等原因使自来水管路的压力低于内胆的压力时，截止阀弹簧推动阀芯将截止阀胶垫堵在进水口上，于是内胆的水就不能回流到自来水的管路内。

当内胆压力过高并超过安全阀的规定压力后，安全阀弹簧被压缩，使安全阀胶垫右移，过高的压力通过安全阀进行泄放，以免内胆被过高的压力损坏。

【注意】安全阀上的压力调节盘是用来调节泄压值的，该值在出厂前已调好，维修时轻易不要对其进行调整，以免发生危险。另外，通过掰动手柄也可以实现泄压。

2．混水阀

（1）种类

混水阀有 KCD 和 FCD 两种。KCD 混水阀适用于敞口式热水器，FCD 混水阀适用于闭口式热水器。

（2）工作原理

下面以 FCD 混水阀为例来介绍混水阀的工作原理。

混水阀内部采用陶瓷阀芯进行水温调节，混水阀有两个联动的阀门，一个控制内胆流出的热水量，另一个控制自来水冷水的流出量。通过调节混水阀的阀门加大喷头流出的热水量时，就会减小自来水冷水的通出量，水温就会升高；而加大自来水冷水的流出量，减小热水的流出量时，水温就会降低。

3．镁棒

镁棒是镁阳极、阳极镁块的简称。镁是一种化学性能较活泼的金属，能起到磁化水质的作用。镁棒不仅能够在恒温器内形成磁场，提高水的活性，可以让洗澡水也达到比较好的水质标准，而且可以修复内胆的陶瓷涂层裂痕。因此，镁棒需要定期更换。电热水器常用的镁棒如图4-24所示。

图4-24　电热水器常用的镁棒

【提示】镁棒属于易损件，长时间使用后会变成"海绵棒"，重量减轻。当镁棒的重量不足原重量的1/3时，需要更换。

技能3　典型电淋浴器故障检修

下面以澳柯玛机械控制型电淋浴器为例，介绍储水式电淋浴器的工作原理和常见故障检修方法。该电淋浴器电路由加热电路和控制电路两部分构成，如图4-25所示。

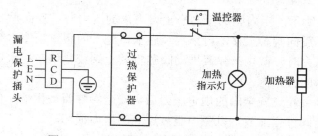

图4-25　澳柯玛机械控制型电淋浴器电路

1．加热控制

220V 市电电压经温控器、过热保护器输入后，不仅为加热器供电使其发热，而且将加热指示灯点亮，表明该机处于加热状态。随着加热时间的延长，水的温度逐渐升高，当温度达到温控器设置的温度值后，温控器的触点断开，加热器因失去供电停止加热，同时加热指示灯也因失去供电熄灭，该机进入保温状态。当水温下降到比设置的温度低 5℃ 左右后，温控器的触点闭合，再次接通电源，加热器重新加热。如此反复，使电热水器的温度控制在设置的范围内。

2．过热保护

过热保护器用于过热保护。当水罐内无水或温控器异常，使加热器的温度过高时，过热保护器的触点断开，切断整机供电，以免加热器烧断或产生其他故障，实现过热保护。

3．常见故障检修

普通电淋浴器常见故障检修方法如表 4-4 所示。

表 4-4　普通电淋浴器常见故障检修

故障现象	故障原因	故障检修
不加热，加热指示灯不亮	没有市电输入	测量供电的插座有无 220V 市电电压，若没有，维修插座及其线路
	过热保护器开路	在路测量就可以确认，若过热保护器开路，还应检查温控器的触点是否粘连
不加热，指示灯亮	温控器开路	在路测量就可以确认，用相同的温控器更换即可
	加热管或其供电线路开路	测加热管有无供电，若没有，则说明供电线路开路；若有，则说明加热管异常，此时，测加热管的阻值为无穷大或较大，就可以确认它损坏
加热温度低	温控器异常	可通过短接或代换的方法来确认
	加热管老化	清除加热管上的水垢，若无效，则更换加热管

任务 4　电风扇故障检修

扇风机是一种利用电动机驱动扇叶旋转，实现空气快速流通的小家电产品，主要用于清凉解暑和改善空气质量。广泛用于家庭、办公室、商店、医院和宾馆等场所。常见的落地式、台式电风扇实物图如图 4-26 所示。

（a）落地扇　　　　（b）台扇

图 4-26　常见的落地式、台式电风扇实物图

技能 1 电风扇的构成

普通电风扇主要由扇头、扇叶、前后网罩、连接头、底座等构成，如图 4-27（a）所示。扇头由电动机（包括前后盖、定子、转子等）、摇头装置（包括角度盘、离合器、齿轮等）构成，如图 4-27（b）所示。

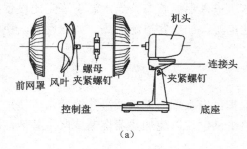

（a）

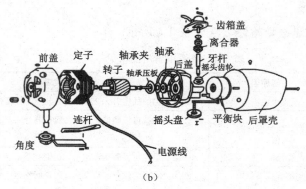

（b）

图 4-27 普通电风扇的构成

技能 2 电风扇主要器件的检测

普通电风扇主要的器件有电动机、电容、调速开关（琴键开关）、定时器。电脑控制型电风扇与普通电风扇最主要的区别是采用了电脑板，电脑板的检测方法在具体电路内进行分析。

1. 电动机

电风扇电动机采用的是单相交流异步电动机，如图 4-28 所示。它具有结构简单、成本低、价格便宜等优点，所以还广泛应用在吸油烟机、洗碗机等小家电内。

图 4-28 典型电风扇电动机

电风扇电动机由端子盖、定子、转子、转子轴等构成。定子又由定子铁芯和定子绕组构成，定子绕组一般有两个，一个是主绕组（或称为运行绕组），另一个是副绕组（或称为启动绕组）。在电动机内部主、副绕组的一个端子连接在一起，再通过导线引出，通常称为公共端，用 C 表示；主绕组的另一个端的引出线，通常称为运行端，用 M 表示；副绕组引出线，通常称为启动端，用 S 表示，如图 4-29 所示。

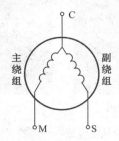

图 4-29　单相交流异步电动机引出线示意图

（1）工作原理

为了确保单相能够启动运转，需要通过电容分相或电阻（阻抗）分相的方法，使副绕组输入电流相位超前主绕组输入电流 90°。电容分相电动机是在副绕组的输入回路中串联一只电容，如图 4-30（a）所示；电阻分相电动机是在副绕组的输入回路中串联一只电阻，如图 4-30（b）所示。通常情况下，电容分相比电阻分相效果好，所以电风扇电动机多采用电容分相方式。

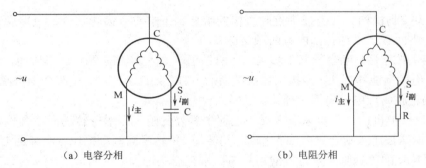

（a）电容分相　　　　　　　　　　　　（b）电阻分相

图 4-30　电动机分相示意图

（2）检测

电风扇电动机可在路检测，也可以非在路检测，下面介绍明滔 FT-40 型台扇的电动机在路检测方法，如图 4-31 所示。

运行绕组的阻值如图 4-31（a）所示；运行绕组和高速调速绕组的阻值如图 4-31（b）所示；运行绕组和中速调速绕组的阻值如图 4-31（c）所示；运行绕组和低速调速绕组的阻值如图 4-31（d）所示。若电动机绕组的阻值为无穷大，则说明热熔断器或绕组烧断；若绕组阻值或大或小，说明内部接触不良。

（a）运行绕组　　　　　　　　　　　　（b）运行绕组+高速调速绕组

图 4-31　电动机的检测

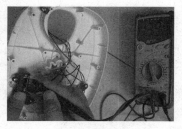

（c）运行绕组+中速调速绕组　　　　　　　（d）运行绕组+低速调速绕组

图 4-31　电动机的检测（续）

2．摇头机构

为了扩大送风范围，改变送风方向，目前的落地式、台式电风扇设置了摇头机构。该机构位于扇头内。常见的摇头机构有杠杆离合式、按拔式、同步电动机驱动三种。目前应用最多的是后两种方式。

（1）按拔式

按拔式摇头机构主要由减速机构、四连杆机构、控制机构及过载保护机构构成，如图 4-32 所示。

① 摇头控制机构。此类摇头控制机构的啮合轴下端与直齿轮啮合，上端通过螺钉固定控制按钮，中间有一段细孔，内有两颗钢珠。

按压摇头按钮后，啮合轴向下移动，使两颗钢珠滚入蜗轮的两个 U 形槽内，让啮合轴与蜗轮啮合，电风扇能够摇头。当拔出摇头按钮后，啮合轴向上移动，使两个钢珠脱离 U 形槽，啮合轴与蜗轮脱离，电风扇停止摇头。

② 过载保护机构。当电风扇在摇头过程中意外受阻，因蜗轮转动而啮合轴与直齿轮不能转动，使钢珠被压入啮合轴内，随蜗轮一起转动，每转半圈两颗钢珠就会弹回 U 形槽一次，从而发出周期性的"嘀嘀"声，提醒用户电风扇在摇头过程中受阻。

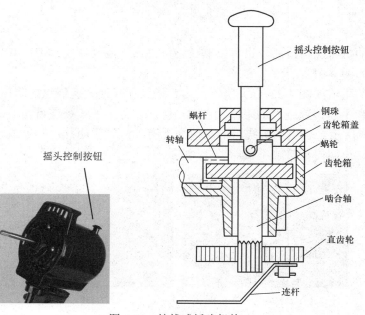

图 4-32　按拔式摇头机构

（2）电动机驱动式

这种电风扇摇头机构由摇头电动机（同步电动机）、齿箱总成、摇头连杆构成，如图4-33所示。

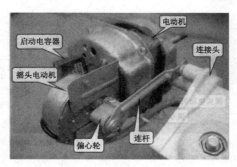

图 4-33　电动机驱动式摇头机构

需要摇头时，摇头电动机旋转，通过偏心轮、连杆带动扇头运动，最终实现了摇头控制。

（3）检测

摇头机构大部分故障通过查看法就可以确认故障部位。对于摇头电动机不转的故障，可以通过测量摇头电动机有无供电判断故障部位，若供电正常，多为电动机异常；若无供电，多为供电电路异常。

3．调速机构

目前的电风扇都具有多风挡速度调整功能，调速方式主要有电抗器调速、电动机绕组抽头调速、电容分压调速等多种。电抗器调速方式已淘汰，下面介绍其他两种调速方式。

（1）电动机绕组抽头调速方式

为了简化电路结构、降低成本，许多电风扇采用了电动机绕组抽头的方式进行调速。此类电动机的特点是在普通电动机的磁极上安装了一个调速绕组，它与原绕组连接后引出多个抽头，通过为不同的抽头供电，就可以实现电动机转速的调整。

典型的电动机绕组抽头调速电路如图4-34和图4-35所示。其中，电容运转电动机的绕组抽头调速方法通常有L形和T形两种。而L形接法又分为L1和L2两种。

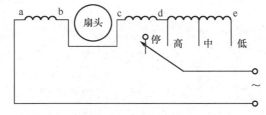

图 4-34　罩极电动机绕组抽头调速电路

L1形接法主要应用在110V电动机上，它的特点是调速绕组与主绕组共同嵌放在同一个槽内，两者在空间同相位。L2形接法广泛应用在220V电动机上，是目前应用最多的一种方式，它的特点是调速绕组与副绕组共同嵌放在铁芯的同一个槽内，两者在空间同相位。

T形接法的特点是调速绕组接在主、副绕组之外，它与主绕组在空间同相位。由于调速时，流过调速绕组的电流始终是电动机的总电流，所以需要用较粗的漆包线绕制。

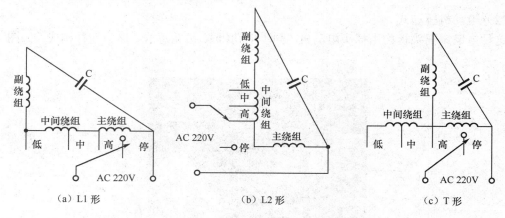

图 4-35　电容运转式电动机绕组抽头调速电路

（2）电容分压调速方式

　　将不同容量的电容串联在电动机供电回路中，就可以实现电动机转速的调整。串联小容量电容时，电动机绕组得到的电压低，电动机转速低；串联大容量电容时，电动机绕组得到的电压高，电动机转速高。典型的 3 挡电容调速电路如图 4-36 所示。

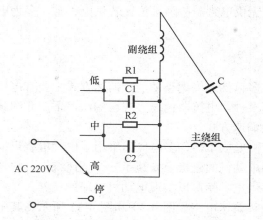

图 4-36　典型的 3 挡电容调速电路

（3）检测

　　对于电动机抽头调速电路的检测，可以通过测量输入电压的方法判断，如果有电压输入，则说明电动机异常，再通过测量该绕组的阻值就可以确认；若没有电压输入，说明供电电路异常。

　　对于电容调速电路，不仅需要测量电压，还需要检测电容 C1、C2 容量是否正常。

4．开关

　　普通电风扇采用的开关可在路检测，也可以非在路检测，下面介绍在路检测方法。

　　用数字万用表通断挡（二极管挡）在路检测开关，触点接通时数字较小且蜂鸣器鸣叫，如图 4-37（a）所示；若数值为 1，说明触点断开，如图 4-37（b）所示。若开关置于断开的位置时，万用表显示的数字始终为 0，说明触点粘连；若置于接通的位置时显示的数字为 1，说明触点开路。

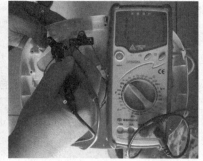

（a）触点接通　　　　　　　　　　　（b）触点断开

图 4-37　开关的在路检测

> 【提示】部分普通电风扇的电源、功能旋转开关未采用旋转切换型开关，而是采用了琴键开关，它们的检测方法相同。

技能 3　普通电风扇故障检修

普通电风扇电路基本相同，下面以格力 KYTB-30 型电风扇电路为例介绍普通电风扇故障检修方法。该电风扇电路由主电机电路和导风电路两部分构成，如图 4-38 所示。

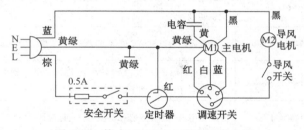

图 4-38　格力 KYTB-30 型电风扇电路

1. 主电机电路

主电机电路由定时器、主电机 M1、运行电容和调速开关构成。

将电源插头插入 220V 插座，旋转定时器旋钮设置定时时间后，市电电压通过调速开关为电动机 M1 相应转速的绕组供电，M1 在电容（运行电容）的配合下产生磁场，使电动机的转子开始旋转，带动扇叶转动。

切换调速开关为不同的电机供电端子供电时，就会改变电动机的转速，也就实现了风速的调整。

2. 导风电路

导风电路由导风电机（交流同步电机）、导风开关为核心构成。

按下导风开关后，市电电压为导风电动机 M2 供电，M2 开始旋转，带动导风扇叶摆动，实现多方向送风的导风控制。

3. 防跌倒保护电路

安全开关也称为防跌倒开关，当电风扇直立时，该开关接通，电风扇可以工作；若电风扇跌倒，该开关自动断开，电风扇不能工作，避免了电风扇损坏，实现跌倒保护。

4. 常见故障检修

普通电风扇常见故障检修方法如表 4-5 所示。

表 4-5　普通电风扇常见故障检修

故障现象	故障原因	故障检修
两个电动机都不转	没有市电输入	测市电插座有无 220V 交流电压，若没有，维修插座及其线路；若有，检查电风扇电路
	定时器异常	为它设置时间后，通过测量触点能否接通就可以确认它是否正常，若定时器损坏，更换相同的定时器即可
	安全开关异常	通过测量触点是否接通或有无电压输出就可以确认它是否正常，若安全开关异常，维修或更换即可
主电动机不转，导风电动机运转	运行电容（启动电容）异常	用万用表 2μF 电容挡在路测量就可以确认，损坏后用相同的电容更换即可
	调速开关异常	通过测量触点是否接通或有无电压输出就可以确认它是否正常
	电动机 M1 异常	若电动机有正常的供电，并且运行电容也正常，则说明电动机异常，维修或更换即可
扇叶转速慢	扇叶松动	断电时，通过晃动扇叶就可以确认，重新紧固即可
	电动机轴承缺油	断电时，用手旋转扇叶时转动不灵活，就说明轴承缺油。此时，拆出转子后，清洗轴承并为滚珠涂上适量的润滑油即可
	运行电容容量不足	用万用表 2μF 电容挡在路测量就可以确认，损坏后用相同的电容更换即可
有的风速挡失效	调速开关异常	通过测量触点是否接通或有无电压输出就可以确认它是否正常
	电动机 M1 异常	若电动机 M1 有正常的供电，则说明 M1 的绕组开路，维修或更换即可
导风电动机不转	导风开关异常	通过测量触点是否接通或有无电压输出就可以确认它是否正常
	电动机异常	若电动机 M2 有正常的供电，则说明电动机异常，更换即可

技能 4　电脑控制型电风扇故障检修

下面以 TCL TS-D40B 型遥控落地式电风扇为例介绍电脑控制型电风扇故障检修方法。该电风扇的主控电路由微处理器（单片机）HT48R10A-1、双向晶闸管、电机、遥控接收头、指示灯等元件构成，如图 4-39 所示。

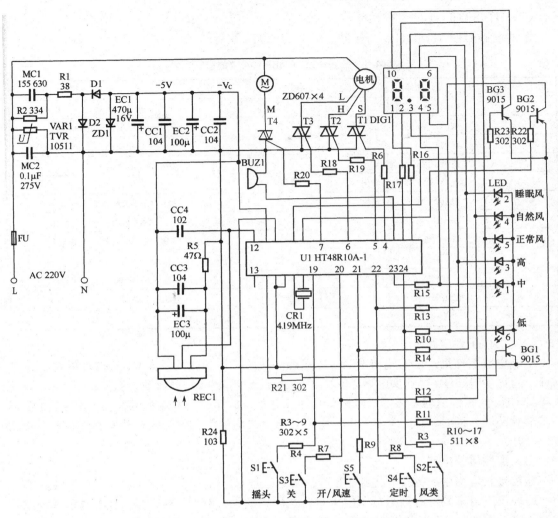

图 4-39　TCL TS-D40B 型遥控落地式电风扇主控制电路

1. 电源电路

　　将电源线插入市电插座后，220V 市电电压经熔丝管 FU 进入电路板，不仅经双向晶闸管为电机供电，而且经 R1、R2、MC1 降压，利用 D1 半波整流，EC1 滤波，ZD1 稳压产生-5V直流电压，通过 EC2、CC1、CC2 滤波后，为微处理器 U1 和遥控接收电路 REC1 供电。

　　市电输入回路的 VAR1 是压敏电阻，它的作用是防止市电电压过高损坏电机等器件。市电正常且没有雷电窜入时，VAR1 相当于开路；当市电电压升高或有雷电窜入使 VAR1 两端电压达到 470V 时它击穿，使熔丝管 FU 熔断，切断市电输入回路，实现市电过压保护。

　　【提示】 由于该机采用负压供电方式，所以供电电压实际加到了 U1 和 REC1 的接地端，而它们的供电端接地。同样，其他电路也采用该方式。

2. 微处理器电路

　　微处理器电路由微处理器 U1（HT48R10A-1）为核心构成。

（1）HT48R10A-1 的引脚功能

微处理器 U1（HT48R10A-1）的引脚功能如表 4-6 所示。

表 4-6　微处理器 HT48R10A-1 的引脚功能

脚位	功能	脚位	功能
①	数码管驱动信号输出	⑬	悬空
②	数码管驱动信号输出	⑭	指示灯供电控制信号输出
③	蜂鸣驱动信号输出	⑮	供电（该机接地）
④	主电机中速控制信号输出	⑯	供电（该机接地）
⑤	主电机高速控制信号输出	⑰	外接 4.19MHz 晶振
⑥	主电机低速控制信号输出	⑱	外接 4.19MHz 晶振
⑦	摇头电机驱动信号输出	⑲	摇头控制信号输入/指示灯控制信号输出
⑧	数码管驱动信号输出	⑳	关机控制信号输入/指示灯控制信号输出
⑨	数码管驱动信号输出	㉑	开机、风速调整信号输入/指示灯控制信号输出
⑩	键扫描信号输出	㉒	定时控制信号输入/指示灯控制信号输出
⑪	接地（该机接-5V 供电）	㉓	数码管驱动信号输出
⑫	遥控信号输入	㉔	风类控制信号输入/指示灯控制信号输出

（2）工作条件电路

电源电路工作后，由它输出的-5V 电压经滤波后，加到微处理器 U1（HT48R10A-1）的⑪脚，为它供电。U1 得到供电后，它内部的振荡器与⑰、⑱脚外接的晶振 CR1 通过振荡产生 4.19MHz 的时钟信号。该信号经分频后协调各部位的工作，并作为 U1 输出各种控制信号的基准脉冲源。同时，U1 内部的复位电路输出复位信号使它内部的存储器、寄存器等电路复位后开始工作。

（3）遥控接收电路

遥控接收电路由遥控接收电路 REC1、微处理器 U1（HT48R10A-1）为核心构成。

遥控器发射来的红外信号被 REC1 进行选频、放大、解调，输出符合 U1 内解码电路要求的脉宽数据信号。再经 U1 解码后，U1 就可以识别出用户的操作信息，再通过相应的端子输出控制信号，使电风扇工作在用户所需要的状态。

（4）蜂鸣器控制

每次进行操作时，U1 的③脚输出蜂鸣器驱动信号，驱动蜂鸣器 BUZ1 鸣叫一声，提醒用户电风扇已收到操作信号，并且此次控制有效。

（5）定时控制

当按压面板上的定时键 S4 后，使 U1 的㉒脚输入定时控制信号，就可以设置定时的时间。每按压一次定时键时，定时时间会递增 30min，最大定时时间为 7.5h。定时期间，U1 还会控制数码管显示定时时间。

3．主电机电路

该机主电机电路由微处理器 U1、主电机（采用的是电容运行电机）、开/风速键 S5 和双向晶闸管 T1～T3 等构成。

按开/风速键 S5，使 U1 的㉑脚输入开/风速调整信号，被 U1 识别后不仅会控制主电动机运转，还可以改变电动机的运转速度。连续按 S 键，U1 的⑥、④、⑤脚会依次输出低电平控制信号，使电机按低、中、高三种风速循环运转，同时控制相应的指示灯发光，表明电机旋转的速度。当 U1 的④、⑥脚无驱动脉冲输出，⑤脚输出驱动信号时，双向晶闸管 T1、T3 截止，双向晶闸管 T2 导通，为主电机的高速端子供电，使电机在运行电容的配合下高速运转，工作在高风速状态。同理，若按风速键 S5 使 U1 的⑤、⑥脚无驱动信号输出，而⑥脚输出驱动信号，通过 R18 触发 T3 导通，为电机的低速抽头供电，使电机低速运转，运行在低风速状态。若 U1 的⑤、⑥脚无驱动信号输出，而④脚输出驱动信号，使 T1 导通，电机会中速运转，运行在中风速状态。

4. 摇头电机电路

该机摇头电机电路由微处理器 U1、摇头电机 M（采用的是同步电机）、摇头控制键 S1 和双向晶闸管 T4 等构成。

按摇头操作键 S1，U1 的⑨脚输入摇头控制信号，被 U1 识别后，U1 的⑦脚输出低电平控制信号。该信号通过 R20 触发双向晶闸管 T4 导通，为摇头电机 M 供电，使电机 M 低速旋转，实现 90° 送风。关闭摇头功能时，则再按 S1 键，被 U1 识别后，会使 T4 截止，电机 M 停转，电风扇工作在定向送风状态。

5. 风型控制

微处理器 U1 的㉔脚为风类调整信号输入端。当按压面板上的"风类"键 S2 后，使 U1 的㉔脚输入风类控制信号，就可进入电风扇的工作模式。依次按压该键时，会控制转叶扇轮流工作在正常风、自然风、睡眠风三种模式。同时，U1 还会控制相应的风类指示灯发光，提醒用户该机工作的风类。

6. 常见故障检修

（1）不工作、指示灯不亮

该故障是由于供电线路、电源电路、微处理器电路异常所致。

首先，检查电源线和电源插座是否正常，若不正常，检修或更换；若正常，拆开电风扇的外壳后，检测熔断器 FU 是否开路，若开路，则检查压敏电阻 VAR1 和滤波电容 MC2 是否击穿；若它们击穿，更换后即可排除故障；若它们正常，检测电机。若熔断器 FU 正常，说明电源电路或微处理器电路异常。此时，检测 EC1 两端有无 5V 电压，若有，检测微处理器电路；若没有，测 R1 是否开路、MC1 是否容量不足。确认故障发生在微处理器电路时，首先，要检查微处理器 U1 的供电是否正常，若不正常，查线路；若正常，检查按键开关和晶振 CR1 是否正常，若不正常，更换即可；若正常，检查 U1 即可。

> 【注意】限流电阻 R1 开路后，必须要检查 D1、ZD1、EC1、EC2、CC1、CC2 是否击穿，以免导致更换后的 R1 再次损坏。

（2）摇头电机不运转，主电机运转正常

该故障的主要原因：一是摇头电机 M 异常；二是双向晶闸管 T4 异常；三是摇头控制键 S1 异常；四是微处理器 U1 异常。

首先，检查摇头电机有无供电，若有，更换或维修摇头电机；若无供电，测微处理器 U1 的⑦脚有无驱动信号输出；若没有，检查摇头控制键 S1 和 U1；若有，则检查 R20 和双向晶闸管 T4。

（3）摇头电机转，但主电机不运转

该故障的主要故障原因：一是主电机或其运行电容异常；二是开机/风速控制键 S5 异常；三是微处理器 U1 异常。

首先，用遥控器操作能否恢复正常，若能，查 S5 和 U1；若不能，测电机两端有无供电；若有，检查运行电容、电机；若没有，查供电线路。

（4）通电后，主电机就高速运转

该故障的原因是双向晶闸管 T2 击穿。而 T2 开路，则会产生主电机可以中速运转，但不能高速运转的故障。

（5）遥控功能失效

遥控器功能失效说明遥控器、遥控接收头 REC1 或微处理器 U1 异常。

首先，更换遥控器的电池能否恢复正常，若能，说明电池失效；若不能，检测遥控器是否正常，若正常，检查 REC1 和 U1；若不正常，检查晶振是否正常，若不正常，更换即可；若正常，检查红外发射管和放大管。

【提示】若遥控器出现有时能正常遥控，有时不正常遥控的故障时，主要检查遥控器内的元件引脚有无脱焊，若有脱焊，调查补焊后就可以排除故障；若无脱焊，多为晶振内部接触不良。不过，有时元件引脚脱焊和晶振内部接触不良也可能同时发生。

技能 5 电风扇主要部件的拆装方法

无论是普通电风扇，还是电脑控制型电风扇的拆装方法基本相同，下面以明滔 FT-40 型普通台扇为例介绍电风扇的拆卸方法。

1. 网罩的拆卸

第一步，用十字螺丝刀松开固定网罩箍的螺丝钉，如图 4-40（a）所示；第二步，取下网罩箍，如图 4-40（b）所示；第三步，取下前网罩，如图 4-40（c）所示；第四步，顺时针旋转固定扇叶的塑料螺母，取下螺母，如图 4-40（d）所示；第五步，取下扇叶，如图 4-40（e）所示；第六步，逆时针拧下后网罩的固定螺母，如图 4-40（f）所示；取下后网罩，如图 4-40（g）所示；拆去网罩的扇头如图 4-40（h）所示。

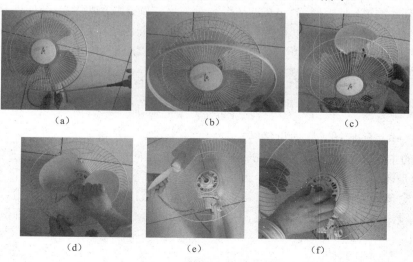

（a）　　　　　　　　　　（b）　　　　　　　　　　（c）

（d）　　　　　　　　　　（e）　　　　　　　　　　（f）

图 4-40　电风扇网罩的拆卸

（g）　　　　　　　（h）

图 4-40　电风扇网罩的拆卸（续）

【注意】有的书籍在介绍拆卸固定扇叶的塑料螺母时，采用逆时针方向旋转螺母的方法来拆卸，而实际拆卸发现应采用顺时针方向旋转，与普通的螺母拆卸方向相反。否则，会越拧越紧。

2. 扇头的拆装

第一步，用十字螺丝刀拆掉扇头前盖上的 4 条螺丝钉，如图 4-41（a）所示；第二步，用万用表表笔撬开扇头前盖上的 4 个卡子，如图 4-41（b）所示；第三步，拿掉前盖，如图 4-41（c）所示；第四步，拿掉扇头的后壳，就会露出电动机和摇头机构，如图 4-41（d）所示。

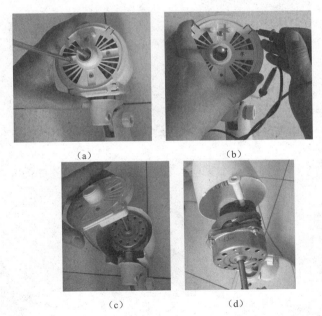

（a）　　　　　　　（b）

（c）　　　　　　　（d）

图 4-41　扇头的拆卸

3. 电动机、摇头机构的拆装

第一步，用十字螺丝刀拆掉电动机与连接头上的螺丝钉，如图 4-42（a）所示；第二步，用十字螺丝刀拆掉电动机摇头机构与连杆上的螺丝钉，如图 4-42（b）所示；第三步，取出电动机、摇头机构，如图 4-42（c）所示。

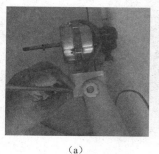
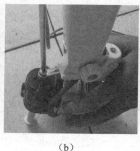
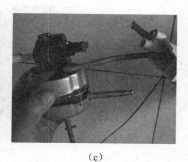

（a）　　　　　　　（b）　　　　　　　（c）

图 4-42　电动机、摇头机构的拆卸

4. 底座的拆装

第一步，用十字螺丝刀拆掉电动机与连接头上的螺丝钉，如图 4-43（a）所示；第二步，拿掉底盖，露出内部元器件，如图 4-43（b）所示。

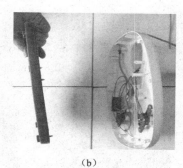

（a）　　　　　　　　　　（b）

图 4-43　底座的拆卸

任务 5　吸尘器故障检修

吸尘器是用来除尘的一种电动小家电。常见的吸尘器实物图如图 4-44 所示。

（a）卧式　　　　　　　（b）立式　　　　　　　（c）手持式

图 4-44　常见的吸尘器实物图

知识 1　吸尘器的构成及主要器件作用

立式、卧式吸尘器的构成有所不同，下面以龙的吸尘器为例介绍吸尘器的构成，如图 4-45 所示。

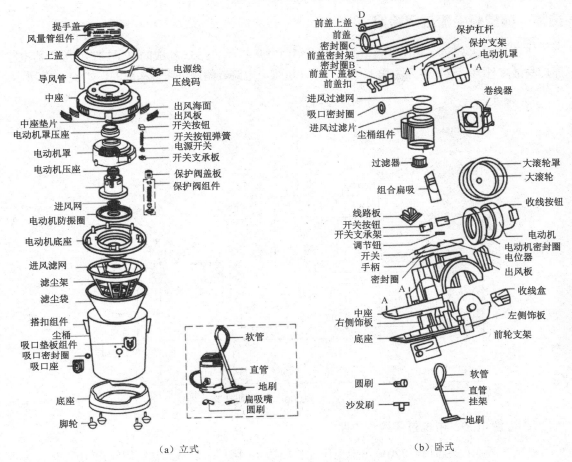

图 4-45 龙的吸尘器的构成

电动机、电动机罩等构成动力系统；滤尘袋、滤尘架、进风网、吸口密封圈、吸口座等构成过滤系统；电源线、收放线机构构成供电系统；尘满指示、按钮或滑动开关构成指示系统；手柄和软管、接管、地刷、扁吸、圆刷、床单刷、沙发吸、挂钩、背带是附件。另外，绝大部分吸尘器都配备一个组装刷头，供清理地板及地毯使用。吸力式吸尘器还会配备一系列的清洁刷及吸嘴，以便清扫角落、窗帘、沙发和缝隙。

知识 2　吸尘器的工作原理

如图 4-46 所示，吸尘器电动机得电后带动扇叶高速旋转，从进风口吸入空气，使尘箱产生一定的真空，和外界大气压形成负压差，在此压差的作用下，吸入含灰尘等杂物的空气。灰尘等杂物通过地刷、接管、手柄、软管、主吸管进入集尘箱中的集尘袋（滤尘袋），灰尘留在集尘袋内，过滤后的干净空气再经电动机流出。

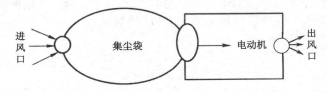

图 4-46 吸尘器的工作原理示意图

技能　典型吸尘器故障检修

下面以富达 ZW90-36B 型吸尘器为例介绍由时基芯片 NE555 构成的电子控制型吸尘器电路原理与故障检修。该电路是由电源电路、电动机供电电路、调速电路等构成的，如图 4-47 所示。

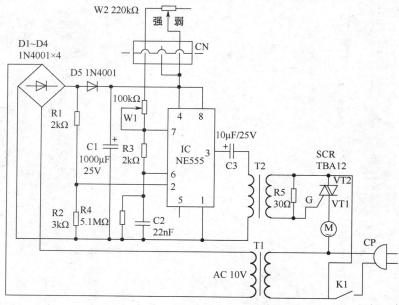

图 4-47　富达 ZW90-36B 型吸尘电路

1. 电源电路、市电过零检测电路

电源开关 K1 接通后，220V 市电电压经变压器 T1 降压后，从二次绕组输出 10V 左右的交流电压。该电压通过 D1～D4 桥式整流，得到的脉动直流电压经 D5 整流，C1 滤波产生 12V 左右的直流电压 Vcc。12V 电压第一路加到时基芯片 IC（NE555N）⑧脚为它供电；第二路加到 IC 的复位端④脚，为它提供高电平控制信号，使 IC 工作在触发状态；第三路为转速调整电路供电。同时，脉动直流电压还通过 R1、R2 分压，加到 IC②脚，确保 IC③脚在市电过零处输出高电平触发信号，在市电过零处触发双向晶闸管 SCR 导通，以免导通瞬间因功耗大损坏。

2. 电动机驱动及转速调整电路

当 IC 的②脚输入的市电过零检测信号不足 Vcc 的 1/3 时，IC③脚可以输出高电平触发电压，该电压通过 C3 和 T2 耦合，使双向晶闸管 SCR 导通，为电动机 M 供电。同时，C1 两端电压通过手柄内的转速调整电位器 W2、可调电阻 W1、R3 和 R4 分压后对 C2 充电。C2 两端电压不足 Vcc 的 2/3 时，IC 的③脚仍输出触发信号，一旦 C2 两端电压达到 Vcc 的 2/3 时，IC 的③脚输出低电平电压，SCR 过零截止，使电动机停转。因此，通过调整电位器 W2 可改变 C2 的充电速度，也就可改变 SCR 的导通角大小。当 SCR 的导通角大后，为电动机 M 提供的电压增大，电动机旋转速度加快，反之相反。这样，通过调整电位器 W2 就可以改变电动机转速。

3. 常见故障检修

（1）电动机不运转

该故障的主要原因：一是电源开关 K1 开路；二是电源电路异常；三是电动机供电电路

异常；四是电动机 M 的绕组开路。

确认市电正常后，拆开机壳，测电动机两端有无供电，若有，维修或更换电动机；若没有，说明双向晶闸管 SCR 或其触发电路异常。此时，测 SCR 的 G 极有无触发信号输入，若有，检查 SCR；若没有，测 IC③脚有无触发信号输出，若有，检查 C3 和 T2；若没有，测滤波电容 C1 两端有无 12V 左右的直流电压，若没有，说明电源电路异常；若有，说明触发信号形成电路异常。

确认电源电路异常后，测电源变压器 T1 的初级绕组有无 220V 市电输入，若没有，检查电源开关 K1 及线路；若有，检查 T1、D1～D4、C1。确认触发信号形成电路异常后，测 IC 的②脚输入的电压能否低于 1/3Vcc，若不能，检查 R2；若能，测⑥脚能否低于 2/3Vcc，若能，更换 NE555；若不能，检查 C2 是否失去容量或开路，若是，更换 C2；若 C2 正常，检查电位器 W2 和可调电阻 W1。

（2）电动机转速过快

该故障的主要原因：一是双向晶闸管 SCR 击穿，二是调速电路异常。

SCR 是否击穿在路检测就可以确认，若 SCR 正常，就应检查调速电路。此时，测 NE555 ⑥脚输入电压是否正常，若正常，检查 NE555；若不正常，检查 C2、电位器 W2、可调电阻 W1 和 R3。

（3）电动机转速慢

该故障的主要原因有两个：一是市电电压低；二是电动机供电电路异常，三是电动机异常。

首先，检测插座的市电电压是否不足，若是，待市电恢复正常或检修插座。确认市电正常后，测电动机的供电电压是否正常，若正常，维修或更换电动机；若电压低，测 IC 的③脚输出电压是否正常，若正常，检查 C3 和 T2；若不正常，检查 IC 及其②脚外接的调速元件。

任务6　电熨斗故障检修

电熨斗是用来熨烫衣物，使其平整有形的小家电。常见的电熨斗实物图如图 4-48 所示。

（a）普通电熨斗　　　　　　　（b）喷气/喷雾电熨斗

图 4-48　常见的电熨斗实物图

技能 1　电熨斗的构成

1. 普通电熨斗的构成

普通电熨斗由底板、加热器、手柄、外壳、压板等构成，如图 4-49 所示。

（1）加热器

早期普通电熨斗的加热器多采用云母电热芯，如图 4-50（a）所示，后期多采用电热管，如图 4-50（b）所示。

151

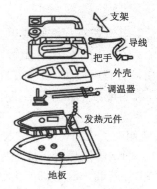

图 4-49　普通电熨斗的构成

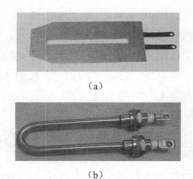

（a）

（b）

图 4-50　普通电熨斗的加热器

（2）调温器

调温型普通电熨斗的调温器属于温度可调型双金属片型温控器，如图 4-51 所示。

2．喷气/喷雾电熨斗的构成

喷气/喷雾电熨斗构成基本相同，喷气电熨斗的构成如图 4-52（a）所示；喷雾电熨斗的构成如图 4-52（b）所示。

图 4-51　调温型普通电熨斗的调温器

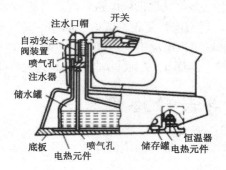

（a）喷气

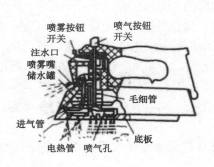

（b）喷雾

图 4-52　喷气/喷雾电熨斗的构成

喷气式电熨斗设置了储水罐，加热器对底板加热时也会将储水罐内的水加热，当水气化产生水蒸气后，通过底板上的喷气孔喷出，便于熨烫衣物。

喷雾式电熨斗是在喷气式电熨斗的基础上增加了喷雾装置。储水罐内产生的水蒸气一部分通过底板喷出，另一部分通过进气管返回到储水罐顶部，需要喷雾时，按喷雾开关，打开喷雾阀，水雾就会通过喷雾嘴喷出。

技能 2　典型电熨斗故障检修

无论何种电熨斗，它们的电路都基本相同。下面以飞利浦 CC1421 调温型电熨斗为例介绍电熨斗的原理与故障检修方法。该电路由加热器、温控器、指示灯、限流电阻等构成，如图 4-53 所示。

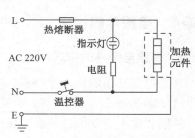

图 4-53　飞利浦 CC1421 型电熨斗电路

152

1．加热电路

需要加热时，将电熨斗的电源插头插入市电插座，220V 市电电压经热熔断器和调温器输入后，一路通过电阻限流后为指示灯供电，使其发光，表明电熨斗工作在加热状态；另一路为加热元件供电，使它发热后对底板和储水罐的水加热。当底板的温度达到温控器设置的温度值后，它的触点断开，切断加热元件的供电回路，加热元件停止加热，进入保温状态。当底板的温度低于一定温度后，温控器的触点再次接通，加热元件再次加热。这样，在温控器的控制下，电熨斗的温度基本恒定在一定范围内。

2．保护电路

一次性热熔断器用于过热保护。当调温器的触点由于粘连等原因使加热元件加热时间过长，导致加热温度达到热熔断器的标称值后熔断，切断市电输入回路，实现过热保护。

3．常见故障检修

飞利浦 CC1421 型电熨斗常见故障检修方法如表 4-7 所示。

表 4-7　飞利浦 CC1421 型电熨斗常见故障检修

故障现象	故障原因	故障检修
不加热，指示灯不亮	没有市电输入	用正常的市电插座供电后，若能加热，则需要检查插座与线路
	热熔断器开路	在路测量就可以确认，若它熔断，则需要检查调温器的触点是否粘连、加热元件是否短路；如果它们都正常，更换热熔断器即可
	调温器开路	在路测量就可以确认，维修或更换即可
指示灯亮，不加热	加热元件或其供电线路开路	检查加热元件的供电端子有无正常的供电，若没有，维修或更换接线；若有，更换加热器
加热温度低	调温器异常	可采用短接法或代换法判断
	加热元件老化	测量阻值或代换检查
漏电	电熨斗漏电	测量加热元件供电端子对地阻值就可以确认，若漏电，最好采用更换的方法排除故障
	线路裸露	通过查看线路、调温器、热熔断器的接线是否接地可以确认，若是，进行绝缘处理即可
底板漏水	底板的喷嘴破损	通过查看就可以确认，维修或更换即可
	喷嘴的密封圈破损	通过查看就可以确认，更换即可
	储水盒破损	通过查看就可以确认，维修或更换即可
	蒸汽针断	通过查看就可以确认，更换即可
不喷水	储水罐无水	加注适量的水即可
	底板的喷嘴堵塞	清理污垢即可
	加热温度低	按不加热故障的维修方法进行维修

任务 7　挂烫机/挂熨机故障检修

挂烫机/挂熨机是利用喷头（烫刷头），在裤线夹等配件的配合下，完成平整衣物的功能。另外，高温的气体还可具有除螨等功能。常见的挂烫机实物图如图 4-54 所示。

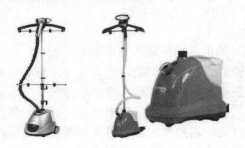

图 4-54　常见的挂熨机实物图

技能 1　挂熨机的构成

不同品牌的挂熨机构成基本相同，下面以海尔 HGS4212C 型挂熨机为例介绍挂熨机的构成，如图 4-55 所示。

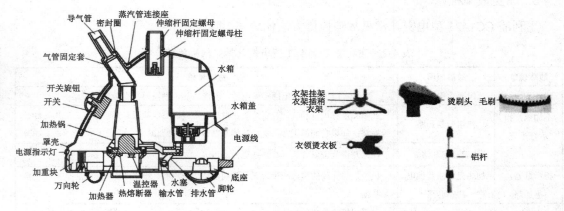

图 4-55　挂熨机的构成

【提示】导气管异常会产生无水蒸气喷出或喷出量不足。若导气管内有冷凝水，会产生导气管有响声的故障。此时，抬高喷头（烫刷头）让冷凝水回流到机内即可解决。

技能 2　典型挂熨机电路分析与检修

无论何种挂熨机，电路基本相同。下面以美的 GJ15B2/B3/B4 型挂熨机为例介绍挂熨机的故障检修方法。该电路由加热器、旋转开关（功率选择开关）、温控器 1/2、指示灯、热熔断器构成，如图 4-56 所示。

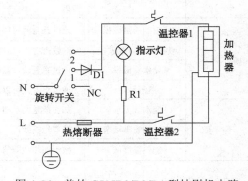

图 4-56　美的 GJ15B2/B3/B4 型挂熨机电路

1．加热电路

（1）高温加热

将旋转开关置于位置 2 后，220V 市电电压一路经 R1 限流，为指示灯供电使其发光，表明挂烫机已输入市电电压；另一路经温控器 1、温控器 2 和为加热器供电，使加热器通过加热锅对水箱（储水罐）送来的水加热。当加热温度达到温控器 1 设置的温度后，温控器 1 的触点断开，切断加热器的供电回路，加热器停止加热。

（2）低温加热

当旋转开关置于位置 1 时，市电电压通过二极管 D1 半波整流后，为电热线供电，挂烫机处于低温加热状态。

2. 过热保护电路

温控器 2 用于过热保护。当温控器 1 的触点由于粘连等原因使加热器加热时间过长，导致加热温度达到温控器 2 的设置值后它的触点断开，切断加热器的供电回路，实现过热保护。若温控器 1、2 都失效，导致加热器的温度进一步升高后，当温度达到一次性热熔断器的标称值后它熔断，切断市电输入回路，实现过热保护。

3. 常见故障检修

美的 GJ15B2/B3/B4 型挂熨机常见故障检修方法如表 4-8 所示。

表 4-8　美的 GJ15B2/B3/B4 型挂熨机常见故障检修

故障现象	故障原因	故障检修
不加热，指示灯不亮	没有市电输入	用正常的市电插座供电后，若能加热，则需要检查市电插座与线路
	旋转开关异常	在路测量就可以确认，更换即可
	热熔断器开路	在路测量就可以确认，若热熔断器熔断，则需要检查温控器 1、2 的触点是否粘连、加热器是否短路；如果它们都正常，更换热熔断器即可
不加热，指示灯亮	温控器 1 开路	在路测量就可以确认，维修或更换即可
	温控器 2 开路	在路测量就可以确认，维修或更换即可
	加热器或其供电线路开路	检查加热器的供电端子有无正常的供电，若没有，维修或更换接线；若有，更换加热器
加热温度低	旋转开关异常	测量电压就可以确认
	温控器 1、2 异常	可采用短接法或代换法判断
	加热器老化	测量阻值或代换检查
	加热锅异常	通过查看就可以确认，维修或更换即可
不能低温加热	旋转开关开路	在路测量就可以确认
	二极管 D1 异常	在路测量就可以确认
漏电	加热器漏电	测量加热器供电端子对地阻值就可以确认，若漏电，最好采用更换的方法排除故障
	线路裸露	通过查看线路、调温器、热熔断器的接线是否接地，若是，进行绝缘处理即可

任务8　电热毯故障检修

电热毯也称为电热褥，它的基本功能是取暖。常见的普通电热毯实物图如图 4-57 所示。

图 4-57　常见的普通电热毯实物图

技能 1　电热毯的构成

电热毯由毯体、电热线、温度控制器、电源线构成，如图 4-58 所示。

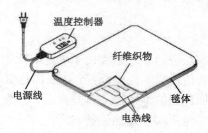

图 4-58　普通电热毯的构成

技能 2　典型电热毯电路故障检修

下面以图 4-59 所示电路为例介绍电热毯电路的原理与故障检修方法。

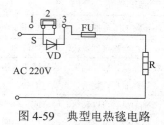

图 4-59　典型电热毯电路

1．电路分析

当转换开关 S 置于位置 1 时，市电电压不能输入电路内，电热毯处于关闭状态；当 S 置于位置 2 时，市电电压通过二极管 VD 半波整流后，为电热线 R 供电，电热毯处于低温加热状态；当 S 置于位置 3 时，市电电压直接为电热线 R 供电，电热毯处于高温加热状态。

FU 是热熔断器，当转换开关 S 异常或达到温度未将 S 置于 1 的位置，导致电热线加热时间过长，加热温度过高，当温度达到 FU 的标称值后熔断，切断市电输入回路，实现过热断电保护。

2．常见故障检修

电热毯常见故障检修方法如表 4-9 所示。

表 4-9　电热毯常见故障检修

故障现象	故障原因	故障检修
不加热	没有市电输入	用正常的市电插座供电后，若能加热，则需要检查插座及线路
	开关 S 异常	在路测量 S 就可以确认，更换即可
	热熔断器 FU 熔断	在路测量就可以确认，还应检查 S 的触点是否粘连
	加热器断路	测量它的阻值或有无供电就可以确认。若加热器（丝）断，重新接通并做好绝缘处理即可
不能低温加热	开关 S 异常	在路测量 S 就可以确认，更换即可
	二极管 VD 开路	在路测量就可以确认，用 1N4004 或 1N4007 更换即可

【注意】热熔断器 FU 熔断后，不能用导线短接，以免失去热保护功能，可能会发生火灾。电热线折断后，重现接通后必须做好绝缘处理，以免连接部位接触不良引发火灾。

任务9　泡茶壶故障检修

目前的电热泡茶壶不仅具有烧水功能，还有消毒等功能，得到迅速普及。典型的电泡茶壶实物图如图 4-60 所示。

图 4-60　典型的泡茶壶实物图

技能 1　典型泡茶壶的构成

典型泡茶壶由控制面板、消毒壶、快速电水壶、加热台、水嘴、水泵（在平台内）等构成，如图 4-61 所示。

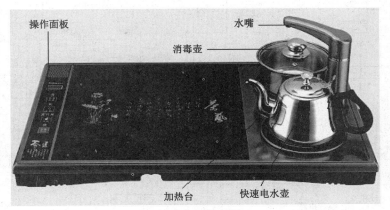

图 4-61　典型电脑控制型泡茶壶的构成

技能 2　典型泡茶壶故障检修

下面以金格仕 Q135 电脑控制型电热泡茶壶为例介绍电泡茶壶的工作原理与故障检修。该壶电路由电源电路、微处理器电路、加热电路、消毒电路构成。

1．电源电路

该机电源电路采用了电源模块 VIPer22A 为核心构成的开关电源，如图 4-62 所示。

（1）功率变换

该机输入的市电电压通过熔断器 FU1 输入后，不仅通过继电器为加热器供电，而且经限流电阻 R1，利用高频滤波电容 C1 抑制高频干扰脉冲，通过 BR1 桥式整流，C2 滤波产

157

生 310V 左右直流电压。该电压经开关变压器 TR1 的初级绕组加到电源模块 VIPer22A 的供电端⑤～⑧脚，不仅为开关管的 D 极供电，而且通过高压电流源对④脚外接的滤波电容 C5 充电。当 C5 两端建立的电压达到 14.5V 后，它内部的 60kHz 调制控制器等电路开始工作，由该电路产生的激励脉冲使开关管工作在开关状态。开关管导通期间，TR1 存储能量；开关管截止期间，TR1 的自馈电绕组输出的脉冲电压经 D6 整流，C5 滤波产生的电压取代启动电路为 VIPer22A 供电；次级绕组输出的脉冲电压经 D7、D8 整流，C7、C9 滤波产生 12V 直流电压。12V 电压不仅为继电器的驱动电路供电，而且经 R9 限流，再经三端稳压器 IC3（78L05）稳压输出 5V 电压，利用 C1 滤波后，再通过连接器 J2 输出给控制板，为微处理器等电路供电。

（2）稳压控制

当市电电压升高或负载变轻引起开关电源输出电压升高时，滤波电容 C7 两端升高的电压不仅通过 R4 为光耦合器 U1 的②脚提供的电压升高，而且经 R5、R6 分压后为三端温差放大器 TL431 的 R 端提供的电压升高，被其内部的比较放大器放大后，使 U1③脚电位下降，于是 PC817 内的发光二极管因导通电压加大而发光加强，使光敏三极管受光加强而导通加强，经 R3 为 VIPer22A 的③脚提供的误差电压升高，被它内部的电路处理后，使开关管导通时间缩短，开关变压器 TR1 存储的能量下降，开关电源输出电压下降到正常值。反之，稳压控制过程相反。

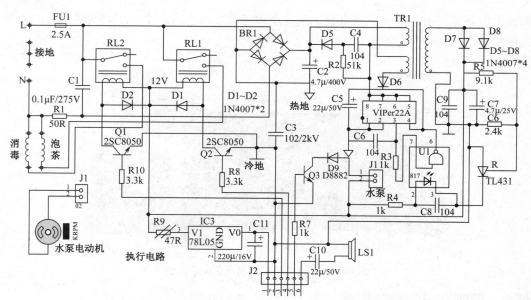

图 4-62　金格仕 Q135 电脑控制型泡茶壶供电板电路

2．微处理器电路

该微处理器电路由 CPU 和移相寄存器 SN74HC164N、操作键、数码显示屏为核心构成，如图 4-63 所示。

159

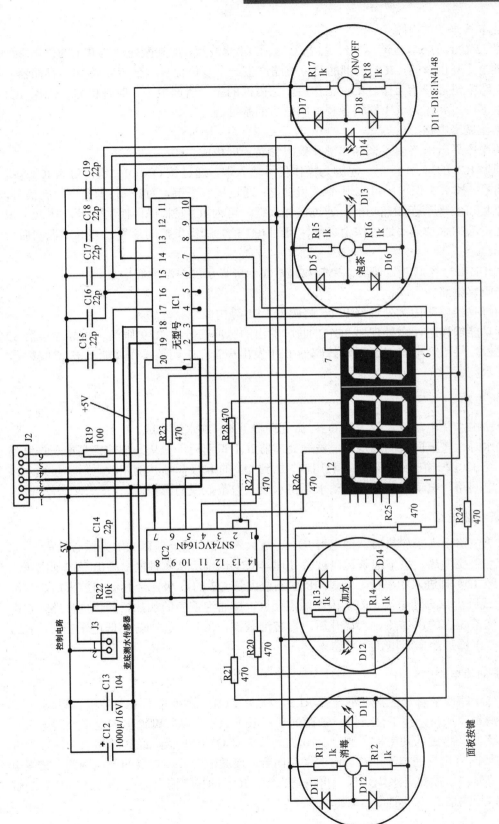

图 4-63　金格仕 Q135 电脑控制型泡茶壶电脑板电路

（1）基本工作条件电路

连接器 J2 输入的 5V 直流电压经 C12、C13、C14 滤波后，加到微处理器 IC1 的供电端⑳脚，为它供电。开机瞬间，IC1 内部的复位电路产生一个复位信号，使 IC1 内部的存储器、寄存器等电路复位后开始工作。IC1 工作后，它内部的振荡器产生一个时钟信号，确保 IC1 内电路有序工作，并作为 IC1 输出各种控制信号的基准源。

（2）操作显示电路

该机的操作显示电路由 4 个操作键和数码管显示屏构成。

微处理器 IC1 的⑫、⑭、⑮、⑯脚为操作信号输入端，通过按 ON/OFF 键，可为 IC1⑫脚提供控制信号，被 IC1 识别后可实现开/关机功能；通过按泡茶键，为 IC1⑯脚提供控制信号，被 IC1 识别后可实现茶壶加热功能；通过按加水键，可为 IC1⑮脚提供控制信号，被 IC1 识别后可实现自动加水功能；通过按消毒键，可为 IC1 的⑭脚提供控制信号，被 IC1 识别后可对消毒壶加热。

IC1 输出的信号经 IC2 处理后，控制数码管显示屏显示加热温度等信息。

（3）蜂鸣器电路

该机的蜂鸣器电路由微处理器 IC1、蜂鸣器 LS1 等构成。

当进行功能操作时，微处理器 IC1 的⑲脚输出的脉冲信号经 R19 限流，再经连接器 J2 输出给供电板，经耦合电容 C10 驱动蜂鸣器 LS1 发出声音，表明该操作功能已被 IC1 接受，并且控制有效。

3．加水电路

加水电路由水泵电动机、放大管 Q3、微处理器 IC1、加水键构成。

需要加水时，按下面板的加水键，被微处理器 IC1 识别后，它从⑩脚输出高电平控制信号。该信号经 J2⑤脚输出到供电板，利用 R7 加到 Q3 的 b 极，经其倒相放大后，接通水泵电动机的供电回路，电动机运转，驱动水泵将水吸入泡茶壶或消毒壶内。

4．泡茶加热电路

泡茶加热电路由泡茶加热器、继电器 RL1、放大管 Q2、微处理器 IC1 为核心构成。

需要给泡茶壶加热，按下泡茶键，被微处理器 IC1 识别后从⑱脚输出高电平控制电压。该控制信号经 J2④脚进入功率板，通过 R8 加到放大管 Q2 的 b 极，经其倒相放大后，为继电器 RL1 的线圈提供导通电流，RL1 内的触点闭合，接通泡茶壶的加热器的供电回路，它得电后开始对泡茶壶内的水加热。水烧开后，再按泡茶键，IC1 的⑱脚输出低电平信号，RL1 的触点释放，消毒加热器断电，烧水结束。

5．消毒加热电路

消毒加热电路由消毒加热器、继电器 RL2、放大管 Q1、微处理器 IC1 为核心构成。

需要给消毒壶加热，按下消毒键，被微处理器 IC1 识别后从⑲脚输出高电平控制电压。该控制信号经 J2③脚进入功率板，通过 R10 加到放大管 Q1 的 b 极，经其倒相放大后，为继电器 RL2 的线圈提供导通电流，RL2 内的触点闭合，接通消毒壶加热器的供电回路，它得电后开始对泡茶壶内水加热。水烧开后，再按消毒键，IC1 的⑲脚输出低电平信号，RL2 的触点释放，消毒加热器断电，消毒结束。

6．常见故障检修

（1）整机不工作且熔断器 FU1 或 R1 熔断

该故障的主要原因：① 滤波电容 C1 击穿；② 市电整流滤波元件击穿；③ VIPer22A 内的开关管击穿。

首先，用万用表通断挡或 R×1 挡在路检测电容 C1 是否击穿，若是，更换即可；若正常，在路检测整流堆 BR1 内的二极管是否击穿，若是，更换即可；若正常，在路检测 C2、VIPer22A 内的开关管是否击穿，若是，因 C2 与开关管并联安装，所以需要悬空引脚后测量确认是 C2 击穿，还是开关管击穿。

【注意】开关管击穿时必须要检查尖峰吸收回路的 D5、R2、C4 是否正常，以免更换后的 VIPer22A 再次损坏。

（2）整机不工作，但熔断器、R1 正常

该故障的主要原因：① 开关电源没有启动；② 开关电源的负载异常；③ 5V 电源异常；④ 微处理器电路未工作。

首先，测滤波电容 C11 两端有无 5V 电压；若有，检查微处理器电路；若没有，测 C7 两端有无 12V 电压，若没有或较低，说明开关电源未启动或工作异常；若电压正常，检查 IC3 及其负载。

确认开关电源未启动或工作异常时，测 C2 两端有无 310V 电压，若没有，检查开关变压器 TR1 和线路；若有 310V 电压，测 C5 两端有无启动电压，若没有，检查 C5、D6、VIPer22A；若有启动电压，检查 R3、D5~D8、C4 是否正常；若它们正常，检查光耦合器 U1、三端温差放大器 TL431 是否正常，若异常，更换即可；若正常，检查 VIPer22A 和开关变压器 TR1。

（3）按加水键，不能加水

该故障的主要原因：① 加水键或 C17 异常；② 水泵异常；③水泵电动机或供电电路异常；④ 微处理器 IC1 异常。

首先，按加水键时，测微处理器 IC1 的⑮脚有无控制信号输入，若没有，检查加水键和 C17；若有，测 IC1 的⑩脚有无高电平控制信号输出，若没有，检查 IC1；若有，测插座 J1 有无电压，若有，检查电动机；若没有，检查 Q3、D9。

（4）泡茶壶不加热

该故障的主要原因：① 泡茶键或 C16 异常；② 泡茶加热器异常；③ 继电器 RL1 或 Q2 异常；④ 微处理器 IC1 异常。

首先，检查泡茶加热器有无 220V 左右的交流电压输入，若有，检查加热器；若没有，测微处理器 IC1 的⑱脚有无高电平电压输出，若有，检测继电器 RL1 的线圈有无供电，若有，检查 RL1 和线路；若没有，检查 Q2、R8 和连接器 J2。若⑱脚无电压输出，在按泡茶键时，测 IC1 的⑯脚有无控制电压输入，若有，说明 IC1 异常；若没有，检查泡茶键和 C16。

（5）消毒壶不加热

该故障的主要原因：① 消毒键或 C17 异常；② 消毒加热器异常；③ 继电器 RL2 或 Q1 异常；④ 微处理器 IC1 异常。

首先，检查消毒加热器有无 220V 左右的交流电压输入，若有，检查加热器；若没有，测微处理器 IC1 的⑲脚有无高电平电压输出，若有，检测继电器 RL2 的线圈有无供电，若有，检查 RL2 和线路；若没有，检查 Q1、R10 和连接器 J2。若⑱脚无电压输出，在按泡茶键时，测 IC1 的⑭脚有无控制电压输入，若有，说明 IC1 异常；若没有，检查泡茶键和 C17。

任务 10　照明灯故障检修

技能 1　灯管节能灯/荧光灯电子镇流器故障检修

下面介绍用万用表检修图 4-64 所示的节能灯/荧光灯电子镇流器故障的方法与技巧。该电路由 300V 供电电路、振荡器构成。

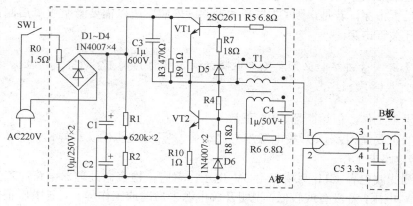

图 4-64　典型的灯管荧光灯电子镇流器电路

1. 电路分析

（1）300V 供电电路

接通电源开关 SW1 后，220V 市电电压通过 R0 限流，再经 D1～D4 桥式整流，利用 C1、C2 滤波产生 300V 左右的直流电压。C1、C2 两端并联的 R1、R2 是均压电阻，确保 C1、C2 两端电压相等。

（2）振荡电路

300V 电压第一路加到开关管 VT1 的 c 极为它供电；第二路通过 C3、R3、R4 加到开关管 VT2 的 b 极，使 VT2 导通。VT2 导通后，C2 两端电压通过 L1、灯管的灯丝 2、耦合电容 C5、灯管的灯丝 1、开关变压器 T1 的初级绕组、VT2、R10 构成导通回路，使 T1 的初级绕组产生右正、左负的电动势，于是 T1 的上边次级绕组产生左负、右正的电动势，而它的下边次级绕组产生左负、右正的电动势。上边绕组产生的电动势使 VT1 反偏截止，下边绕组产生的电动势通过 C4、R65 加到 VT2 的 b 极，使 VT2 因正反馈迅速饱和导通。VT2 饱和导通后，流过 T1 初级绕组的电流不再增大，因电感的电流不能突变，所以 T1 的初级绕组通过自感产生左正、右负的反相电动势，致使 T1 的两个次级绕组相应产生反相电动势。此时，下边绕组产生的右负、左正的电动势使 VT2 迅速反偏截止，而上边绕组产生的右正、左负电动势通过 R5 加到 VT1 的 b 极，使 VT1 饱和导通。VT1 饱和导通后，C1 两端电压通过 VT1、R9、T1 的初级绕组、灯管的两个灯丝、C5、L1 构成导通回路，使 T1 的初级绕组产生左正、右负的电动势。当 VT1 饱和导通后，导通电流不再增大，于是 T1 的初级绕组再次产生反相电动势，如上所述，VT1 截止、VT2 导通，重复以上过程，振荡器工作在振荡状态，为灯管供电，使它发光。

2. 常见故障检修

（1）灯管不亮

该故障的主要原因：一是电源开关 SW1 异常；二是整流、滤波电路异常；三是振荡器

162

异常；四是灯管异常；五是电感 L1 或电容 C5 开路。

首先，检查灯管是否正常，若不正常，更换即可排除故障；若正常，检查限流电阻 R0 是否开路。若 R0 开路，则在路检查 C1、C2、D1～D4 是否击穿；若它们正常，检查 VT1、VT2、C5 是否击穿。若 R0 正常，测 C1、C2 两端有无 300V 电压，若没有，检查电源开关 SW1；若有，测 VT2 的 b 极有无启动电压；若没有，检查 R3、R4 是否阻值增大，C3、C4 是否容量不足或开路；若 VT2 的 b 极有启动电压，则检查 VT2、R6～R10、VT1、T1 是否正常，若正常，则检查灯管、C5、L1。

【注意】开关管 VT1、VT2 击穿，必须要检查它 b、e 极所接的电阻是否被连带损坏。

（2）灯管亮度低

该故障的主要原因：一是灯管老化；二是电容 C4、C5 的容量不足；三是开关管 VT1、VT2 性能下降。

首先，检查灯管是否老化，若老化，更换即可；若灯管正常，检查 C4、C5 是否正常；若异常，更换即可排除故障；若 C4、C5 正常，检查 VT1、VT2。

技能 2　LED 节能灯镇流器故障检修

下面以典型 5W LED 节能灯电路为例介绍 LED 照明灯故障检修方法。该电路由芯片 TK5401、开关变压器 T1A 为核心构成，如图 4-65 所示。TK5401 的引脚功能如表 4-10 所示。

163

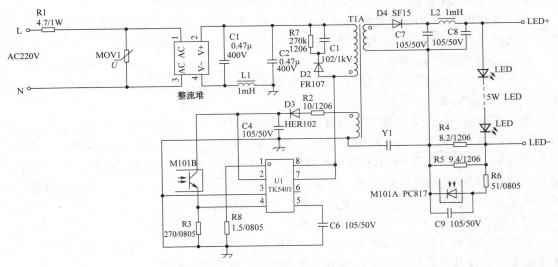

图 4-65　典型 5W LED 照明灯电路

表 4-10　TK5401 的引脚功能

脚号	脚名	功　能	脚号	脚名	功　能
①	S/OCP	开关管 S 极/过流保护检测	⑤	COMP	补偿
②	VCC	供电	⑥	NC	悬空
③	GND	接地	⑦	D	开关管 D 极/启动电压输入
④	LS	LED 电流反馈信号输入	⑧	D	开关管 D 极/启动电压输入

1. 市电输入、300V 供电电路

市电电压经限流电阻 R1 输入后，利用整流堆桥式整流，C1、L1、C2 滤波后产生 300V 脉动直流电压。

市电输入回路的 MOV1 是压敏电阻，它用于过压保护。市电正常且没有雷电窜入时它相当于开路；一旦市电过压或有雷电使其两端电压达到 470V 时它击穿短路，使 R1 过流熔断，切断市电输入回路，实现过压保护。R1 不仅有过流保护功能，而且还能抑制 C1、C2 充电所引起的浪涌大电流，降低输入电流中谐波的含量及电流谐波失真值（THD），提高功率因数。

2. 开关电源

开关电源采用了由电源模块 TK5401（U1）、开关变压器 T1A 等元件构成的并联型开关电源。

（1）市电变换

300V 直流电压经开关电源 T1A 的初级绕组加到厚膜电路 U1 的⑦、⑧脚，不仅为它内部的开关管供电，而且通过高压电流源对②脚外接的滤波电容 C4 充电。当 C4 两端建立的电压启动值后，U1 内的电源电路工作，为振荡器、调制器等电路供电。振荡器产生的 67kHz 时钟信号，控制调制器产生激励脉冲，经放大后驱动开关管工作在开关状态。开关管导通期间，T1A 存储能量；开关管截止期间，T1A 释放能量。其中，自馈电绕组输出的脉冲电压通过 R2 限流，D3 整流，C4 滤波产生 15V 左右电压，取代启动电路为 U1 供电；次级绕组输出的脉冲电压经 D4 整流，C7、L2、C8 滤波产生的电压为灯串供电。

开关变压器 T1A 的初级绕组两端接的 R7、D2 和 C3 组成了尖峰脉冲吸收回路，通过该电路对尖峰脉冲进行吸收，以免开关管在截止瞬间被过高的尖峰脉冲击穿。

（2）LED 电流控制电路

电流控制电路由取样电阻 R4、R5，光耦合器 M101（发光二极管 M101A、光敏管 M101B），芯片 U1 为核心构成。

当市电电压下降或负载变大引起开关电源输出电压下降，引起灯条的电流减小时，在取样电阻 R4、R5 两端产生的取样电压减小，通过 R6 为发光二极管 M101A 提供的电压减小，它发光减弱，致使光敏管 M101B 因受光减弱而导通程度下降，为 U1 的③脚提供的误差电压减小，被 U1 内部电路处理后，使开关管导通时间延长，开关变压器 T1A 存储的能量增大，开关电源输出电压升高，使灯条导通电流增大，确保灯条发光稳定。

（3）保护电路

欠压保护：当 R2、C4、D3 异常，导致 U1 启动后的电压低于 8.9V 后，U1 内的欠压保护电路动作，使开关管停止工作，避免了开关管因激励不足而损坏。

过压保护：当 M101、U1、R6 异常，导致 U1 启动后的电压超过 29V 后，U1 内的过压保护电路 OVP 动作，使开关管停止工作，避免了开关管过压损坏。

过流保护：当灯条异常导致开关管过流，在 R2 两端产生的取样电压超过 0.78V 后，U1 内部的过流保护电路 OCP 动作，使开关管的电流减小或使它停止工作，避免了开关管过压损坏。

过热保护：当 U1 基板温度达到 135℃时，导致 U1 内的过热保护电路 TSD 动作，使开关管停止工作，避免了开关管过热损坏。

3．常见故障检修

（1）灯管不亮

该故障的主要原因：一是没有市电电压输入，二是 300V 供电电路异常，三是开关电源异常，四是灯管异常。

检测 LED 照明灯电路有无市电电压输入，若没有，检查市电供电系统；若有供电，代换 LED 灯条，若灯条异常，更换灯条即可；若灯条正常，说明 LED 照明灯供电电路发生故障。此时，先检测 R1 是否开路，若是，检查 MOV1、C1、C2 是否击穿，若是，更换即可；若正常，在路测整流堆内的二极管是否击穿，若击穿，更换即可；若它们正常，检查电源模块 U1 的⑦、①脚内部是否击穿开关管，若击穿，还要检查 R8、D2、C3、R7、T1A。若 R1 正常，测 C2 两端有无 300V 左右的直流电压，若没有，检查 C2 与输入端间开路的元件；若有 300V 左右的电压，测电源模块 U1 的②脚有无启动电压，若没有，检查 C4、D3 和 U1；若有电压，检查 D2～D4、R2、C3 是否正常，若不正常，更换即可；若正常，检查 U1 和 T1A。

【提示】若没有灯条来代换检查，可以通过测量灯条有无供电进行判断。

（2）灯管亮度低

该故障的主要原因：一是灯条老化；二是开关电源异常。

首先，测量灯条两端电压是否低，若电压不低，检查灯条；若电压低，说明开关电源异常。此时，检查 R4、R5、R2 是否阻值增大，若是，更换即可；若阻值正常，代换 M101 后能否恢复，若能，说明 M101 异常；若无效，检查 U1。

思考题

1．分体电水壶由哪些元器件构成？分体式电水壶典型元器件是如何检测的？非保温电水壶是如何加热的，它的常见故障是如何检修的？保温式电水壶是如何保温的？掌握分体式电水壶的拆装方法。

2．饮水机由哪几部分构成？主要器件都有什么？安吉尔 JD-12LH 型冷/热饮水机是如何加热、制冷的？其常见故障如何检修？安吉尔 JD-26T 半导体制冷型冷、热式饮水机是如何加热、制冷的？其常见故障如何检修？

3．电风扇由哪几部分构成？电风扇主要器件是如何检测的？格力 KYTB-30 型电风扇是如何工作的？格力 KYTB-30 型电风扇的常见故障如何检修？

4．TCL TS-D40B 型遥控落地式电风扇是如何工作的？TCL TS-D40B 型遥控落地式电风扇的常见故障如何检修？电风扇主要部件的拆装方法是什么？

5．吸尘器主要由哪些部件构成？主要部件的作用是什么？富达 ZW90-36B 型吸尘器是如何吸尘和调速的？富达 ZW90-36B 型吸尘器常见故障如何检修？

6．普通电熨斗主要由哪些部件构成？蒸汽电熨斗由哪些部件构成？主要部件的作用是什么？飞利浦 CC1421 型电熨斗是如何加热的？飞利浦 CC1421 型电熨斗常见故障如何检修？

7．挂熨机主要由哪些部件构成？美的 GJ15B2/B3/B4 型挂烫机是如何加热的？美的 GJ15B2/B3/B4 型挂烫机常见故障如何检修？

8．电热毯主要由哪些部件构成？电热毯是如何加热的？电热毯常见故障如何检修？

9．泡茶壶主要由哪些部件构成？金格仕 Q135 电脑控制型电热泡茶壶是如何加水、加热、消毒的？金格仕 Q135 电脑控制型电热泡茶壶常见故障如何检修？

10．典型灯管节能灯的镇流器是如何工作的？其常见故障如何检修？LED 节能灯镇流器是如何工作的？其常见故障如何检修？

家居辅助类小家电故障检修

任务 1　果汁机故障检修

果汁机就是榨果汁、蔬菜汁的小家电。常见的果汁机实物图如图 5-1 所示。

图 5-1　常见的果汁机实物图

技能 1　果汁机的构成

果汁机主要由机身、刀具、果肉收集盒、滤网、果汁杯、上盖等构成。海尔 HJE-1110 型果汁机的构成如图 5-2 所示。

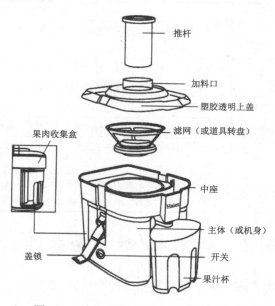

推杆

加料口

塑胶透明上盖

果肉收集盒

滤网（或道具转盘）

中座

主体（或机身）

盖锁

开关

果汁杯

图 5-2　海尔 HJE-1110 型果汁机的构成

技能2 典型果汁机故障检修

果汁机电路基本相同，下面以美的 BM601 系列果汁机电路为例介绍果汁机电路故障检修。该电路由微动开关、温控器、电动机、旋钮开关、二极管构成，如图 5-3 所示。

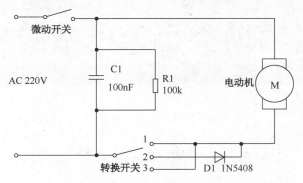

图 5-3 美的 BM601 系列果汁机电路

1. 电动机控制

将杯体安装到位后微动开关的触点受压接通，220V 市电电压经 C1 滤波后，通过转换开关加到电动机的供电端子上，使电动机运转。当转换开关置于位置 2 时，市电电压通过二极管 D1 半波整流后，为电动机供电，所以电动机转速较低。当转速开关置于位置 3 时，市电电压直接为电动机供电，所以电动机转速较高。当转速开关置于位置 1 时，切断电动机的供电回路，停止工作。

2. 常见故障检修

美的 BM601 系列果汁机常见故障检修方法如表 5-1 所示。

表 5-1 美的 BM601 系列果汁机常见故障检修

故障现象	故障原因	故障检修
电动机不转	转换开关异常	通过在路测量触点是否接通或有无电压输出就可以确认它是否正常，确认该开关异常后更换即可
	微动开关异常	通过在路测量触点是否接通或有无电压输出就可以确认它是否正常，该开关异常后更换即可。若手头无此开关，应急维修时可短接
	温控器异常	在路测量就可以确认，若开路，更换即可
	电动机异常	若电动机有正常的供电，则说明电动机异常，维修或更换即可
电动机能高速运转，不能低速运转	转换开关异常	通过在路测量触点是否接通或有无电压输出就可以确认它是否正常，若调速开关异常，维修或更换即可
	二极管 D1 异常	用二极管挡在路测量 D1 的导通压降或测它的负极有无电压输出就可以确认它是否正常，若它异常，用 1N5404 或 1N5408 更换即可

任务2 咖啡机/咖啡壶故障检修

咖啡机/咖啡壶就是冲煮咖啡的小家电。常见的咖啡壶/咖啡机实物图如图 5-4 所示。

图 5-4　常见的咖啡壶/咖啡机实物图

技能 1　咖啡壶/咖啡机的构成

下面以滴漏式咖啡机/咖啡壶为例介绍咖啡壶的构成，它主要由过滤装置、加热装置、储水罐（水箱）等构成，如图 5-5 所示。

图 5-5　典型滴漏式咖啡机/咖啡壶的构成

【提示】若采用滤纸代替滤网，煮的咖啡味道会更浓。

技能 2　典型咖啡机分析与检修

无论何种品牌的普通咖啡机/咖啡壶，它的电路基本相同。下面以图 5-6 所示的咖啡机电路为例介绍咖啡壶的故障检修方法。该电路由加热电路、保护电路构成。

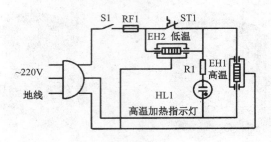

图 5-6　典型的咖啡机电路

1．电路分析

需要加热时，接通电源开关 S1，220V 市电电压经热熔断器 RF1 和温控器 ST1 输入后，一路通过 R1 限流后为指示灯 HL1 供电，使其发光，表明咖啡壶工作在加热状态；另一路为高温加热管 EH1 供电，使 EH1 开始发热。当加热的温度达到 ST1 设置的温度后，ST1 的触点断开，切断 EH1 的供电回路，EH1 停止加热。此时，市电电压通过低温加热器 EH2 和 EH1 构成的串联回路为 EH2 供电，因 EH2 的阻值较大，所以它的功率较低，进入保温加热状态。

一次性热熔断器 RF1 用于过热保护。当温控器 ST1 的触点粘连等原因使加热管 EH1 加热时间过长，导致加热温度达到 RF1 的标称值后它熔断，切断市电输入回路，实现过热保护。

2．常见故障检修

咖啡壶/咖啡机常见故障检修方法如表 5-2 所示。

表 5-2　咖啡壶/咖啡机常见故障检修

故障现象	故障原因	故障检修
不加热，指示灯不亮	没有市电输入	用正常的市电插座供电后，若能加热，则需要检查市插座及线路
	电源开关 S1 异常	在路测量 S1 就可以确认，更换即可
不加热，指示灯亮	热熔断器 RF1 开路	在路测量 RF1 就可以确认，若 RF1 熔断，则需要检查温控器 ST1 的触点是否粘连、加热器 EH1 是否短路；如果它们都正常，更换热熔断器即可
	温控器 ST1 开路	在路测量就可以确认，维修或更换即可
	加热器 EH1 或其供电线路开路	检查加热器 EH1 的供电端子有无正常的供电，若没有，维修或更换接线；若有，更换加热器
加热温度低	温控器 ST1 异常	可采用短接法或代换法判断
	加热器 EH1 老化	测量阻值或代换检查
不能保温	加热器 HE2 或其供电线路开路	检查加热器 EH2 的供电端子有无正常的供电，若没有，维修或更换接线；若有，更换加热器

任务3　油汀电暖器故障检修

油汀电暖器简称油汀，它是利用电加热器发热，经导热油脂传递给散热片，再通过散热片散热取暖的小家电。常见的油汀电暖器实物图如图 5-7 所示。

图 5-7　常见的油汀电暖器实物图

技能 1　油汀电暖器的构成

油汀电暖器由散热板、温控器、提手、导热油脂、电加热器等构成，如图 5-8 所示。导热油脂和电加热器都在电暖器的内部，图 5-8 中未画出。

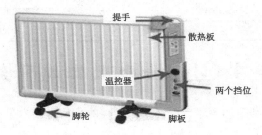

图 5-8　油汀电暖器的构成

技能 2　典型油汀电暖器故障检修

下面以图 5-9 所示电路介绍典型油汀电暖器电路的原理与故障检修方法。

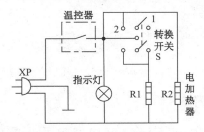

图 5-9　典型油汀电暖器电路

1. 电路分析

当转换开关 S 置于位置 1 时，市电电压通过温控器输入后，不仅使指示灯发光，而且通过 S 为加热器 R1 供电，该电暖器处于半功率加热状态。当加热的温度达到温控器设置的温度后，温控器的触点断开，切断 R1 的供电回路，R1 停止加热。R1 停止加热后，加热器和散热板的温度逐渐降低，当降低到一定值后温控器的触点再次闭合，重复以上过程，电暖器就可以提供基本恒定的温度。

当 S 置于 2 的位置后，市电电压为 R1、R2 供电，R1、R2 同时发热，电暖器处于大功率加热状态。

2. 常见故障检修

普通油汀电暖器常见故障检修方法如表 5-3 所示。

表 5-3　普通油汀电暖器常见故障检修

故障现象	故障原因	故障检修
不加热，指示灯不亮	没有市电输入	用正常的市电插座供电后，若能加热，则需要检查插座与线路
	温控器异常	在路测量就可以确认，更换即可
不加热，指示灯亮	转换开关 S 异常	在路测量 S 就可以确认，更换即可
加热温度低	转换开关 S 异常	在路测量 S 就可以确认，更换即可
	加热管 R2 断路	测量 R2 的阻值或有无供电就可以确认。若 R2 断，更换即可
	温控器异常	在路测量就可以确认，更换即可
不能低温加热	转换开关 S 异常	在路测量 S 就可以确认，更换即可
	加热管 R1 断路	测量 R1 的阻值或有无供电就可以确认。若 R2 断，更换即可
漏油	加热器的法兰盘松动	重新紧固
	法兰盘的密封圈破损	更换相同的密封圈
	加热器与法兰盘密封不良	重新密封即可

任务 4　小暖阳取暖器故障检修

小暖阳取暖器是一种利用加热器、反射罩来取暖的小家电。常见的小暖阳取暖器实物图如图 5-10 所示。

图 5-10　常见的小暖阳取暖器实物图

技能 1　小暖阳取暖器的构成

小暖阳取暖器的构成基本相同，美的 NPS10-11E1 型小暖阳取暖器由发热组件、反射罩、保护网（网罩）、定时旋钮、功率旋钮、底座等构成，如图 5-11 所示。

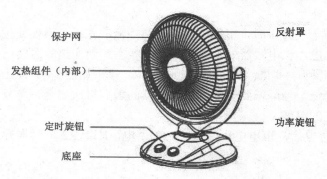

图 5-11　美的 NPS10-11E1 型小暖阳取暖器的构成

【提示】许多小暖阳取暖器的晶格反射罩采用了电化学雾面处理工艺，具有多点散光、辐射均匀、散热距离远、范围广等优点。

小暖阳取暖器的发热元件有电热丝、石英管、卤素管、碳素管、陶瓷发热盘等。当电流经过发热元件后辐射出大量远红外光，经反射罩反射到室内进行取暖。它具有质量轻，发热快，局部取暖效果好等优点，还有红外线理疗的功效。常见的小暖阳发热元器件如图5-12所示。

（a）石英管　　　　　　　　（b）陶瓷发热盘

图 5-12　常见的小暖阳取暖器发热元器件

技能 2　典型小暖阳取暖器故障检修

下面以美的 NPS10-10D 型小暖阳电路为例介绍此类取暖器电路的原理与故障检修方法。该电路由发热组件（加热器）、定时器、防倾倒开关、摇头电动机、热熔断器构成，如图5-13所示。

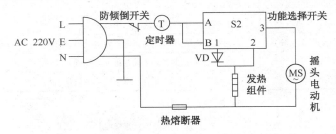

图 5-13　美的 NPS10-10D 型小暖阳取暖器电路

【提示】部分小暖阳取暖器无自动大角度散热功能，所以电路内未安装摇头电动机(同步电动机)。

1. 加热电路

需要低温加热时，旋转定时器旋钮设置好定时时间后，再将功能选择开关置于 500W 的低温加热位置，此时功能选择开关的 A 点接通 1 脚，于是市电电压经防倾倒开关（防跌倒开关）、定时器、功能选择开关的触点输出后，利用二极管 VD 半波整流，得到的脉动直流电压为 1000W 的发热组件供电，该取暖器处于 500W 的半功率加热状态。当功能选择开关置于大功率加热位置后，功能选择开关 A 点接通②脚，市电电压可以直接为发热组件供电，取暖器处于 1000W 的大功率加热状态。

热熔断器用于过热保护。当转换开关的触点粘连，导致加热器加热时间过长，加热温度过高，当温度达到热熔断器的标称值后它熔断，切断市电输入回路，实现过热断电保护。

2. 摇头电路

需要大角度散热取暖时，将功能选择开关置于加热、摇头位置时，功能选择开关不仅接通了发热组件器的供电回路，使其发热，而且接通 B、③脚内的触点，摇头电动机（同步电动机）获得供电后运转，通过摇头机构控制取暖器左右摆动，实现大角度的取暖功能。

3．防倾倒电路

为了防止此类取暖器跌倒引起火灾等事故，设置了防倾倒开关。该取暖器正常直立时，防倾倒开关的触点接通，加热器可以加热。当其跌倒或过度倾斜时，防倾倒开关的触点断开，切断发热组件的供电回路，实现跌倒保护。

4．常见故障检修

美的 NPS10-10D 型小暖阳取暖器常见故障检修方法如表 5-4 所示。

表 5-4　美的 NPS10-10D 型小暖阳取暖器常见故障检修

故障现象	故障原因	故障检修
不加热，指示灯不亮	没有市电输入	用正常的市电插座供电后，若能工作，则需要检查原插座及其线路
	定时器 T 异常	在路测量阻值或测试交流电压就可以确认，更换即可
	热熔断器熔断	在路测量就可以确认，还应检查定时器的触点是否粘连，若没有粘连，更换热熔断器即可；若粘连，还需要更换定时器
	功能选择开关开路	在路测量阻值或测量输出电压就可以确认
	防倾倒开关开路	在路检测就可以确认
不能低温加热	二极管 VD 开路	用二极管挡在路测量就可以确认，更换即可
	功能选择开关异常	在路测量阻值或测试交流电压就可以确认，更换即可
不能摇头	功能选择开关异常	在路测量阻值或测试交流电压就可以确认，更换即可
	摇头电动机异常	确认摇头电动机供电正常后，就可以确认它损坏

任务 5　电热水瓶故障检修

电热水瓶是一种使用方便的小家电。它不仅外形美观，而且可以烧开水并保温，给人们的生活带来了很大方便，不仅适合家庭使用外，还适于企事业单位等使用。常见的电热水瓶实物图如图 5-14 所示。

图 5-14　常见的电热水瓶实物图

技能 1　电热水瓶的构成

电热开水瓶主要由外壳、瓶盖、内胆、底盘、温控器、加热器、出水口（水嘴）、出水导管、指示灯、气压出水装置（或电动出水装置）等构成，如图 5-15 所示。

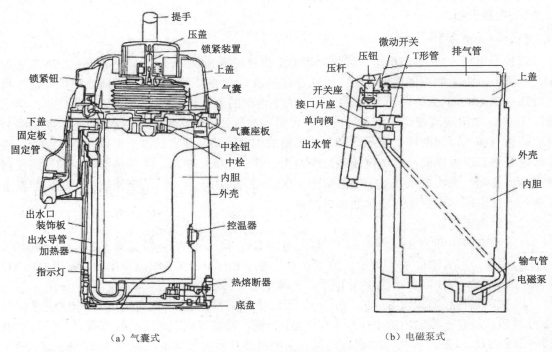

（a）气囊式   （b）电磁泵式

图 5-15　典型电热水瓶的构成

技能 2　典型电热水瓶故障检修

　　下面以高丽宝 PZD-668 型电热水瓶为例介绍电热水瓶电路分析与常见故障检修方法。该机的电路由温控器 S4、加热器 R、温度熔断器 BX、电机 M、继电器 J、放大管 Q1、指示灯等构成，如图 5-16 所示。

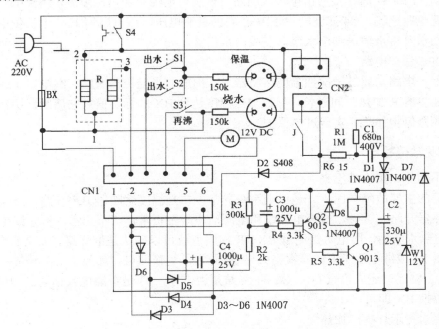

图 5-16　高丽宝 PZD-668 型电热水瓶电路

1. 电路分析

（1）烧水电路

该机通电后，220V 市电电压经熔断器 BX 和温控器 S4 输入后，第一路加到加热器 R 的 ①、②脚上，为主加热器供电；第二路通过连接器 CN2 的②脚输入，利用 D2 半波整流，再通过连接器 CN1 的②脚输出到 R 的③脚，为它内部的副加热器供电，使 R 加热烧水；第三路经 150kΩ 电阻限流使烧水指示灯发光，表明电水瓶处于烧水状态。当水烧开被 S4 检测后使它的触点断开，切断烧水指示灯和主加热器的供电回路，使它们停止工作，烧水结束，进入保温状态。保温期间，市电电压通过保温指示灯、150kΩ 电阻、主加热器构成的回路使保温指示灯发光，表明电水瓶处于保温状态。保温期间，由于回路中的电流较小，主加热器不发热，但保温期间，副加热器仍然加热。

（2）再沸腾电路

再沸腾电路由开关 S3、继电器 J、延迟电容 C3、稳压管 W1、放大管 Q2 和 Q1 等构成。

① 供电电路。CN2 的②脚输入的市电电压通过 R6、R1、C1 限流降压后，利用 D1、D7 整流，C2 滤波，W1 稳压产生 12V 电压，为继电器 J 供电。

② 控制过程。当按下 S3 后，通过 R2 不仅使 C3 开始充电，而且通过 R4 使 Q2 导通。Q2 导通后，从它 c 极输出的电压经 R5 使 Q1 导通，致使继电器 J 内的触点吸合，于是市电电压通过 CN2、J 的触点为主加热器供电，主加热器开始发热烧水。因为 S3 是非自锁开关，所以 Q2 的导通电压由 C3 所充电压通过 R4 提供，约 1min 左右，C3 存储的电压不能维持 Q2 导通后，它的 c 极无电压输出，使 Q1 截止，J 的触点释放，切断主加热器的供电回路，再沸腾过程结束。

（3）出水电路

出水电路由开关 S1、S2，12V 直流电机、水泵等构成。

当按动 S1 或 S2 时，接通市电输入回路，于是市电经副加热器限流，再经 D3～D6 构成的桥式整流电路整流，C4 滤波产生 12V 左右的直流电压，该电压为 12V 电机供电后，电机运转，带动水泵将水输送到出水口，完成出水任务。

（4）过热保护电路

过热保护电路是通过一次性温度熔断器 BX 构成。当温控器 ST4、继电器 J 或其控制电路异常使加热器 R 加热时间过长，导致加热温度达到 BX 的标称值后它熔断，切断市电输入回路，加热器停止加热，实现过热保护。

2. 常见故障检修

（1）不加热、指示灯不亮

该故障的主要故障原因：一是供电系统异常；二是温度熔断器 BX 开路；三是加热器 R 内的主加热器开路。首先，检查电源线和电源插座是否正常，若不正常，检修或更换；若正常，拆开电热水瓶后，用电阻挡测量 BX、R 的阻值就可以确认是谁开路。如果 BX 开路，应检查温控器 S4 或继电器 J 工作异常。如果 S4 异常，更换即可；如果 J 工作异常，除了检查 J 的触点是否粘连，还应检查 Q1、Q2 的 ce 结是否击穿，S3 是否漏电或粘连。如果 BX 和 R 都正常，更换 BX 即可。

（2）烧水指示灯亮，加热慢

该故障的原因主要有两个：一个是温控器 S4 异常，导致加热时间短；另一个是加热器

R 内的主加热器开路或它的②脚所接连线异常，使主加热器不工作，而由功率小的副加热器加热。

（3）不能保温

该故障主要检查加热器 R 内的副加热器或它的③脚所接连线是否异常即可。

（4）不能出水

该故障的主要故障原因：一是供电线路异常，二是 12V 直流电机异常，三是滤波电容 C4 或整流管 D3～D6 异常。测量电机两端供电正常时，则说明电机异常；若供电异常，则在路测 D3～D6 是否正常，若不正常更换即可；若正常，检查 C4 和供电线路。

（5）再沸腾功能失效

该故障的主要故障原因：一是继电器 J 异常；二是 J 的供电电路异常；三是 J 的控制电路异常。

首先，测 C2 两端有无 12V 直流电压，若没有，检查 C1、R6 是否开路；若有 12V 电压，按 S3 键时，Q2 的 c 极输出电压是否正常；若不正常，检查 S3、C3、R4、R2、Q2；若输出电压正常，检查 Q1 和继电器 J。

> **【注意】** R6 开路，必须要检查 D1、D7、C2、W1 是否击穿，以免导致更换后的 R6 再次损坏。

（6）再沸腾时间短

该故障的主要故障原因：一是电容 C3 容量不足，导致放电时间短；二是滤波电容 C2、稳压管 W1 漏电或 D1、D7 导通电阻大，导致 C2 两端电压不足，为 C3 提供的充电电压不足。测量 C2 两端电压不足，在路检查 D1、D7、W1 是否正常，不正常，更换即可排除故障；若正常，则检查 C2 即可。

任务6 电动缝纫机故障检修

电动缝纫机是传统缝纫机与现代智能电子技术的完美结合，是现代家庭主妇必备的缝纫工具，也是现代服装企业必备的服装缝制设备。常见的电动缝纫机实物图如图 5-17 所示。

图 5-17 常见的电动缝纫机实物图

技能 1 典型电动缝纫机的构成

电动缝纫机由收线杆、定线环、调速开关、电源开关、手轮、调线钮、脚踏开关盒（图中未画出）等构成，如图 5-18 所示。

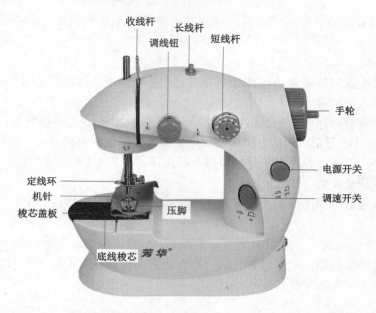

图 5-18　电动缝纫机的构成

技能 2　典型电动缝纫机故障检修

　　下面以飞跃 FY780/780A 型电动缝纫机电路为例介绍电动缝纫机的工作原理与常见故障检修方法。该机电路由照明灯电路、电动机驱动电路构成，如图 5-19 所示。

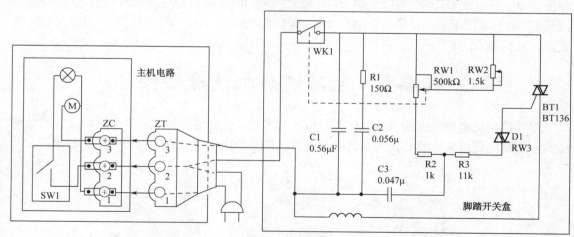

图 5-19　飞跃 FY780/780A 型电动缝纫机电路

1. 供电电路

　　将插头插入市电插座后，220V 市电电压经连接器 ZT/ZC 一路给脚踏开关盒供电，另一路经 SW1 进入主机电路。当接通开关 SW1 后，不仅接通照明灯的回路使其发光，而且接通电动机的一根供电线路。

　　当用脚踩压踏板后，开关 WK1 的触点接通，此时市电电压经 C1 滤波后，由 RW1//RW2、R2 对 C3 充电，当 C3 两端电压达到双向触发二极管 D1 的转折电压后，D1 导通，为双向晶闸管 BT1 的控制极 G 提供触发电压，使 BT1 导通，通过 L1、ZT/ZC③脚接通电动机 M 的供电回路，使 M 得电运转。

调整电位器 RW1 改变 C3 的充电速度后，可改变 BT1 的导通角大小，也就改变了 BT1 输出电压的高低。电动机 M 两端电压增大后，M 的转速升高；反之，相反。

2．常见故障检修

（1）整机不工作，电照明灯不亮

该故障的主要原因：一是供电线路异常；二是连接器 ZT/ZC、开关 SW1 异常。

首先，测市电插座有无 220V 的市电电压，若没有或不正常，检修或更换电源线和电源插座；若有，检查连接器 ZT/ZC、开关 SW1 即可。

（2）照明灯亮、电动机不转

该故障的主要原因：一是开关 WK1 异常；二是电位器 RW1 异常；三是电容 C3 漏电异常；四是双向晶闸管 BT1 异常；五是电动机异常。

首先，测连接器 ZC 的①、③脚有无供电，若有，检查电动机；若没有，测量双向晶闸管 BT1 有无电压输出；若有，检查 ZT/ZC 和线路，若没有，测 C3 两端电压是否正常，若不正常，检查 WK1、RW1、C3；若正常，检查 R3、D1 和 BT1。

（3）电动机转速始终最大

该故障的主要原因：一是双向晶闸管 BT1 击穿，二是双向触发二极管 D1 击穿。

BT1、D1 是否正常，用万用表二极管在路检测就可以确认。若击穿，用相同的元件更换即可。

任务 7　声光控灯故障检修

声光控灯电路有全部分离元件构成和芯片、分离元件构成两种。全部分离元件构成的声光控电路比较简单，所以下面以芯片 CD4011 为核心构成的声光控灯电路为例来介绍由芯片、分离元件构成的声光控灯电路的原理与故障检修方法。其电路如图 5-20 所示。

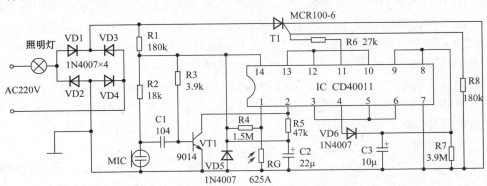

图 5-20　CD4011 为核心构成的声光控灯电路

1．电源电路

如图 5-20 所示，220V 左右的市电电压经照明灯限流，VD1～VD4 桥式整流后，不仅为单向晶闸管 T1 供电，而且经 R1 限流，C2 滤波产生 16V 左右的直流电压。该电压第一路加到芯片 CD4011 的⑭脚为它供电；第二路通过 R2 为话筒 MIC 供电；第三路通过 R4 为光控电路供电。

2. 控制电路

控制电路由芯片 CD4011 为核心构成，因 CD4011 内部有四个电路结构完全相同的 2 输入端与非门，所以为了便于分析原理，将控制电路改画成图 5-21 所示形式。

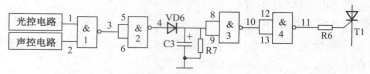

图 5-21　CD4011 为核心构成的声光控灯的控制电路

与非门输入端与输出端的逻辑关系是，两个输入端都是高电平时，输出端为低电平；输入端只要有低电平，输出端就是高电平。这里所谓的输入、输出高电平、低电平的定义是：输入低电平最大值（V_{IL}）是保证逻辑门的输入为低电平时所允许的最大输入电平。当输入电平$\leqslant V_{IL}$ 时，则输入电平为低电平。输入高电平最小值（V_{IH}）是保证逻辑门的输入为高电平时所允许的最小输入电平。当输入电平$\geqslant V_{IH}$ 时，则输入电平为高电平。CD4011 输入高电平和低电平的电压值与供电的关系如表 5-5 所示。

表 5-5　CD4011 输入高电平和低电平电压值与供电的关系

参数名称	符号	电源电压/V	最大值/V	最小值/V
输入逻辑低电平 电　压	V_{IL}	5	1.5	
		10	3	
		15	4	
输入逻辑高电平 电　压	V_{IH}	5		3.5
		10V		7
		15		11

图 5-21 中，与非门 2～4（&2、&3、&4）的两个输入端并联后构成了非门反相器，与非门 1（&1）的①脚输入端接光控电路，②脚输入端接声控电路，只要这两个电路同时为与非门 1（&1）的①、②脚提供高电平，③脚就会输出低电平，经与非门 2 反相后变为高电平。这个高电平经 VD6 对 C3 充电，C3 上充得的高电平经与非门 3～4（&3、&4）整形后，从⑪脚输出波形良好的高电平触发信号，利用 R6 触发单向晶闸管 T1 导通，将照明灯点亮。此时，C3 经 R7 放电，放电使 C3 上的电压低于与非门 3（&3）⑧脚、⑨脚的输入高电平 V_{IH} 最小值时，电路再次反转，照明灯熄灭。

（1）光控原理

参见图 5-20，光线较强时 RG 的阻值仅为几十千欧，甚至低于 20kΩ，依测量时的光照强度变化，与非门 1 的输入端①脚为低电平，③脚输出端为高电平，经与非门 2～4 的三次反相，CD4011 的⑪脚为低电平，单向可控硅 T1 截止，照明灯不亮。光线较弱时，RG 的阻值较大，为 CD4011 的①脚提供高电平电压，为声控做好准备。

（2）声控原理

在光线较暗期间，若接收到声音信号，该信号由话筒 MIC 接收并转换成电信号，经 C1 耦合到 VT1 的 b 极。在音频信号的负半周时 VT1 截止，为与非门 1 的②脚提供高电平信号，使得与非门 1 的输出端③脚电位变低，如上所述，照明灯发光，实现声光控的功能。

3. 常见故障检修

声光控灯电路常见故障检修方法如表 5-6 所示。

表 5-6 声光控灯电路常见故障检修

故障现象	故障原因	故障检修
灯不亮	没有市电输入	测量市电插座有无 220V 左右交流电压、测量电源线通断（或阻值）的方法来确认
	照明灯或灯座异常	通过查看外观或测量电压、测量通断（或阻值）的方法来确认
	电源电路异常	（1）VD1～VD4 开路；（2）R1 开路；（3）C2、VD5 击穿或漏电。测晶闸管 T1 的 A 极对地电压是否正常，若不正常，检查 VD1～VD4；若电压正常，测 C2 两端阻值是否正常，若较小，检查 VD5 和 C2；若正常，检查 R1
	光控电路异常	（1）光敏电阻 RG 异常；（2）R4 阻值异常。R4 是否正常，用 2MΩ 电阻挡检测就可以确认；RG 若受光和不受光的阻值基本一样，则说明它损坏
	声控电路异常	（1）话筒 MIC 异常；（2）放大管 VT1 异常；（3）耦合电容 C1 异常；（4）R5 开路。VT1、C1 可以在路检测，MIC 是否正常可以通过测量输出电压判断
	单向晶闸管 T1 异常	通过测量它的 G 极有无触发电压输入来判断，若有，说明 T1 异常
	VD6 开路、C3 漏电	VD6 在路测量就可以确认，C3 最好脱开引脚后检测
	IC1、R6 异常	若 IC1⑪脚有高电平电压输出，而 T1 的 G 极无电压输入，则说明 R6 开路或 T1 的 G、K 极间短路；若 IC1⑪脚无电压输出，查 IC1
光线亮时照明灯也会亮	单向晶闸管 T1 击穿	在路检测 T1 的 A、K 极间导通压降或阻值就可以确认
	光敏电阻 RG 开路	在路测 RG 两端电压为高电平就是 RG 损坏
	CD4011 异常	若 CD4011 的①、②脚输入电压正常，则说明 CD4011 异常
照明灯点亮的时间过长	R7 阻值增大	在路测量阻值就可以确认
	CD4011 异常	若 CD4011⑧脚输入电压正常，则说明 CD4011 异常

思考题

1. 果汁机由哪些元器件构成？美的 BM601 系列果汁机是如何榨汁的？其常见故障是如何检修的？

2. 咖啡机由哪几部分构成？咖啡机是如何加热的？其常见故障如何检修？

3. 油汀电暖器由哪几部分构成？油汀电暖器是如何加热的？其常见故障如何检修？

4. 小暖阳取暖器由哪些部件构成？美的 NPS10-10D 型小暖阳取暖器是如何加热的？其常见故障如何检修？

5. 电热水瓶由哪些部件构成？高丽宝 PZD-668 型电热水瓶是如何加热，如何出水的？其常见故障如何检修？

6. 电动缝纫机由哪些部件构成？飞跃 FY780/780A 型电动缝纫机如何工作的？其常见故障如何检修？

个人生活类小家电故障检修

任务1 电吹风机故障检修

电吹风机简称电吹风、风筒，不仅可以用于头发的干燥和整形，而且可以供实验室、理疗室及工业生产、美工等方面作局部干燥、加热和理疗之用。常见的电吹风机实物图如图 6-1 所示。

图 6-1 常见的电吹风机实物图

技能 1 电吹风的构成

电吹风由电热丝、电热丝支架、电动机、扇叶、外壳、选择开关、把手、外壳、电源线等构成，如图 6-2 所示。

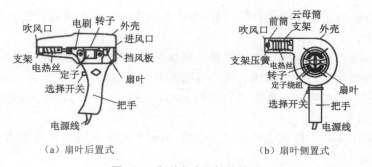

（a）扇叶后置式   （b）扇叶侧置式

图 6-2 典型电吹风机的构成

【提示】电吹风机核心器件是电热丝、电动机、电热丝支架、扇叶，如图 6-3 所示。

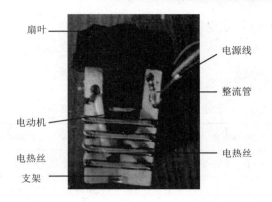

图 6-3　电吹风机核心元器件示意图

技能 2　电吹风机电路故障检修

图 6-4 是一种典型的电吹风电路。该电路由风扇电机 M、加热器 R1、整流管 D1～D4、转换开关 S1、过热保护器 S2 等构成。

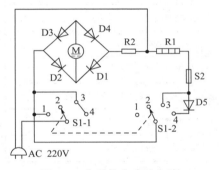

图 6-4　典型的电吹风电路

1．电路分析

（1）关闭控制

将开关 S1 拨到 2 的位置后，不能接通电机供电电路，也不能接通加热器电路，该机处于关闭状态。

（2）冷风控制

将开关 S1 拨到 1 的位置后，不能接通加热器电路，但通过 S1-1 的 1 脚接通电机供电电路。此时，市电电压通过 R2 限流，再通过 D1～D4 桥式整流产生脉动直流电压，为电机供电，使它旋转。此模式下，由于加热器不工作，因此电吹风机吹出的是冷风。

（3）高温控制

将开关 S1 拨到 3 的位置后，一路通过 S1-2 的 3 脚接通加热器电路，市电电压经加热器 R1、过热保护器 S2、S1-2 构成的回路为 R1 供电，R1 开始大功率加热；另一路通过 S1-1 的 3 脚接通整流电路，如上所述，电机开始旋转。此模式下，由于加热器工作在高温状态，因此电吹风机吹出的是温度较高的热风。

（4）中温控制

将开关 S1 拨到 4 的位置后，市电电压一路通过 S1-2 的 4 脚输入到二极管 D5 正极，经半波整流后，为加热器供电，使加热器以半功率方式加热；另一路通过 S1-1 的 4、3 脚接通整流电路，如上所述，电机开始旋转。此模式下，由于加热器工作在中温状态，因此电吹风吹出的是温度高一些的热风。

（5）过热保护

为了防止风扇电机或其供电电路异常，导致它不能旋转或旋转异常导致加热器或外壳等部件过热损坏，新型电吹风都设置了过热保护电路。该保护功能由过热保护器 S2 实现。当电机旋转正常时，加热器电路产生的温度在正常范围内，S2 的触点闭合。当电机旋转异常或不转时，加热器的温度升高，被 S2 检测后，它的金属片变形使其触点断开，切断加热器的供电电路，加热器停止加热，实现过热保护。

2．常见故障检修

电吹风常见故障检修方法如表 6-1 所示。

表 6-1　电吹风常见故障检修

故障现象	故障原因	故障检修
不加热，风扇不转	没有市电输入	用正常的市电插座供电后，若能工作，则需要检查原插座及其线路
	选择开关 S1 开路	在路测量阻值或测量输出电压就可以确认
只有冷风	选择开关 S1 开路	在路测量阻值或测试交流电压就可以确认，更换即可
	加热器 R1 或引线开路	测量阻值就可以确认
	过热保护器 S2 开路	在路测量阻值或测试交流电压就可以确认，更换即可
无温风	选择开关 S1 异常	在路测量阻值或测试交流电压就可以确认，更换即可
	二极管 D5 开路	用二极管在路测量就可以确认
能加热，但电动机不转	整流管 D1～D4 异常	在路测量就可以确认
	R2 开路	在路测量就可以确认
	电动机异常	确认电动机供电正常后，就可以更换电动机
噪声大	扇叶与外壳、电源线挂碰	查看就可以确认
	电动机异常	确认线路无挂碰，就可以检查电动机

<h2 align="center">任务 2　充电型剃须刀故障检修</h2>

充电型剃须刀是用于剃刮胡须、整理毛发的可充电小家电。常见的充电型剃须刀实物图如图 6-5 所示。

图 6-5　常见的充电型剃须刀实物图

技能 1　充电型剃须刀的构成

下面以飞科 FS325 型充电型剃须刀为例介绍充电型剃须刀的构成，它由透明保护盖、刀头组件、独立式浮动旋转 3 刀头、刀头组件锁定按钮、电推剪机构、开关、手柄（机身）、电动机（在内部）、曲轴驱动机构、充电端口、充电电源线构成，如图 6-6 所示。

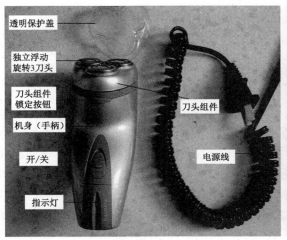
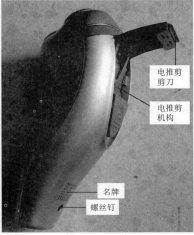

（a）前面　　　　　　　　　　　（b）背面

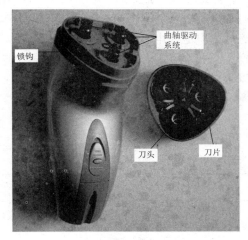

（c）拆掉刀头组件

图 6-6　飞科 FS325 型充电剃须刀的构成

【提示】刀片磨损会产生剃须差的故障；曲轴驱动系统异常会产生剃须差且噪声大的故障；电推剪异常会产生不能修理胡须和头发的故障；刀头组件锁定按钮内接锁定机构，该机构异常会导致刀头组件与机身不能锁定或不能拆卸刀头组件的故障。

技能 2　典型剃须刀电路故障检修

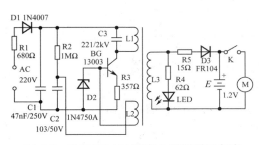

图 6-7　飞科 FS-901 型充电型剃须刀电路

下面以飞科 FS-901 型充电型剃须刀为例介绍充电型剃须刀电路故障检修方法。飞科 FS-901 型剃须刀电路主要由电源电路、充电电路、振荡器、电机供电电路构成，如图 6-7 所示。

1．电机供电电路

电机供电电路比较简单，由电池、开关 K 和线路构成。接通 K 后，电池存储的 1.2V 电压通过 K 为电机供电，电机旋转。

2. 电池充电电路

充电电路由限流电阻 R1、滤波电容 C1、整流管 D1、开关变压器、振荡管 BG、正反馈电容 C2、启动电阻 R2 等构成。

需要充电时，将剃须刀上的电源插头插入市电插座内，220V 市电电压通过 R1 限流、D1 半波整流，C1 滤波产生 110V 左右的直流电压。该电压不仅通过开关变压器的 L1 绕组为振荡管 BG 供电，而且通过 R2、L2 绕组为 BG 的 b 极提供导通偏置电压使 BG 导通。BG 导通后，它的集电极电流使 L 绕组产生上正、下负的电动势，致使 L2 绕组产生上负、下正的电动势，L3 绕组产生下正、上负的电动势。L3 绕组产生的电动势因 D3 反偏而使开关变压器存储能量，而 L2 绕组产生该电动势通过 C2 耦合到 BG 的 b 极，使 BG 因正反馈迅速饱和导通。BG 饱和导通后，流过 L3 绕组的电流不再增大，因电感的电流不能突变，所以 L3 绕组通过自感产生反相电动势，使 L2 绕组相应产生反相的电动势，致使 BG 迅速反偏截止。BG 截止后，L3 绕组产生上正、下负的电动势，不仅通过 R4 限流使 LED 发光，表明剃须刀处于充电状态，而且通过 D3 整流后为电池充电。随着充电的不断进行，开关变压器的各个绕组的电流减小，于是它们再次产生反相电动势，如上所述，BG 再次导通，重复以上过程，振荡器工作在振荡状态，就可以为电池充电。

3. 常见故障检修

飞科 FS-901 型剃须刀常见故障检修方法如表 6-2 所示。

表 6-2　飞科 FS-901 型剃须刀常见故障检修

故障现象	故障原因	故障检修
电动机不转	电池没电	用正常的电池代换检查或测量电压就可以确认
	开关 K 开路	在路测量阻值或测量输出电压就可以确认
	电动机异常	若电动机供电正常，则说明电动机损坏
不能充电	限流电阻 R1 开路	在路测量阻值或测试交流电压就可以确认，还应检查 C1、D1、BG 是否正常，以免再次损坏
	D1 开路	导致振荡管 BG 因供电而不能工作
	R2 开路或 C2、D2 短路	导致振荡管 BG 因启动电压而不能进入放大状态，测量 BG 的 b 极电压就可以确认
	R5、D3 开路	导致振荡器输出的电压不能为电池充电
	脉冲变压器损坏	开路时在路就可以测出，短路通过查看外观或代换确认

任务 3　护眼灯/台灯故障检修

护眼灯/台灯是人们工作、学习用的照明类小家电。常见的护眼灯/台灯实物图如图 6-8 所示。

图 6-8　常见的护眼灯/台灯实物图

技能 1　护眼灯/台灯的构成

典型护眼灯/台灯由底座、照明灯（U 型灯管或 LED）、灯杆、灯罩、开关等构成，如图 6-9 所示。

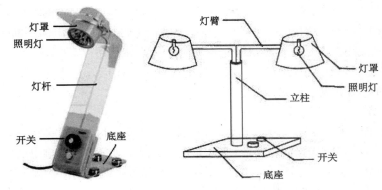

图 6-9　常见的护眼灯/台灯的构成

187

技能 2　典型护眼灯故障检修

佳生 CCFL 和盈科 MT-627 型护眼台灯电路工作原理和检修方法基本相同，下面以佳生 CCFL 型可调光护眼台灯电路为例进行介绍，该电路主要由灯管、调光模块、振荡器、市电整流滤波电路构成，如图 6-10 所示。

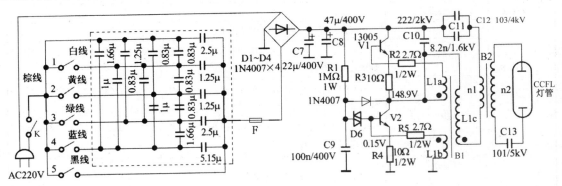

图 6-10　佳生 CCFL 可调光护眼台灯电路

1. 电路分析

（1）振荡电路

接通电源开关 K 后，220V 市电电压通过调光模块和熔丝管 F 输入到 D1～D4 构成的桥式整流器，由它整流后，再通过 C7、C8 滤波产生直流电压。该电压第一路加到开关管 V1 的 c 极为它供电，第二路通过 C11、C12 加到开关变压器 B2 的一次绕组，第三路通过 R1 对 C9 充电。当 C9 两端电压达到双向触发二极管 D6 的转折电压后 D6 导通，使开关管 V2 导通。V2 导通后，C8 两端电压通过 C11、C12、B2 的 n1 绕组、B1 的 L1c 绕组、V2、R4 构成导通回路，不仅使 B1、B2 的一次绕组产生电动势，而且使 C11、C12 建立左正、右负的电压。B1 的 L1c 绕组产生下正、上负的电动势后，它的 L1a 绕组产生下正、上负的电动势，L1b 绕组产生上正、下负的电动势。L1a 绕组产生的电动势使 V1 反偏截止，L1b 绕组产生的电动势通过 R5 加到 V2 的 b 极，使 V2 因正反馈迅速饱和导通。V2 饱和导通后，流过 B1、B2 的一次绕组的电流不再增大，因电感的电流不能突变，所以 B1、B2 的一次绕组通过自感产生反相电动势。B1 的二次绕组产生反相电动势，于是 L1b 绕组产生的上负、下正的电动势使 V2 迅速反偏截止，而 L1a 绕组产生的上正、下负的电动势通过 R2 使 V1 饱和导通。V1 饱和导通后，C11、C12 两端电压通过 V1、R3、B1 的初级绕组、B2 的初级绕组构成的回路放电，使 B1 的 n1 绕组产生上正、下负的电动势。随着 C11、C12 放电的不断进行，流过 B1、B2 初级绕组电流减小，于是它们再次产生反相电动势，如上所述，V1 截止、V2 导通，重复以上过程，振荡器工作在振荡状态，振荡脉冲通过 B2 升压后，从它的次级绕组输出，再通过 C13 耦合，为灯管供电，使它发光。

（2）调光电路

该机的调光电路采用了 5 个开关和调光模块构成。当最下边的开关接通时，市电电压不经电容降压，直接送到桥式整流电路，C7 两端电压最大，此时，B2 输出的电压也最大，灯管发光最亮；当其他开关接通时，市电电压经电容降压，使 C7 两端电压减小，B2 输出的电压减小，灯管发光变暗。由于电容的容量不同，因此电容模块输出的电压不同，最终实现了调光控制。

2. 常见故障检修

护眼灯电路常见故障检修方法如表 6-3 所示。

表 6-3　护眼灯电路常见故障检修

故障现象	故障原因	故障检修
灯不亮	灯管异常	可通过查看、代换检查的方法来确认
	熔丝管 F 熔断	（1）C7、C8 击穿；（2）D1～D4 击穿；（3）C11、C12 击穿；（4）V1、V2 击穿。怀疑它们击穿时，在路测量就可以确认
	功率变换器（灯管供电电路）异常	（1）R1 开路、C9 短路；（2）D6 开路；（3）V1、V2 异常；（4）R2～R5 异常；（5）脉冲变压器 B1 异常。检修时，测 V1、V2 的 b 极有无启动电压，若没有，查 R1、C9、D6、V2；若有，查 V2、V1、R2～R5、C11～C13、D5 是否正常，若不正常，更换即可；若正常，则检查 B1
	电源开关 K 开路	用通断挡在路测量就可以确认
不能调光	调光开关异常	用通断挡在路测量就可以确认
	调光电路异常	按调光开关时测输出电压就可以确认
亮度低	灯管老化	查看或代换法确认，更换相同的灯管即可
	电容 C11～C13 异常	用电容挡检测就可以确认

技能 3　台灯故障检修

下面以图 6-11 所示的双调光蘑菇台灯电路为例介绍台灯故障检修方法。该台灯电路主要由灯管、双向晶闸管、双向触发二极管、电位器、开关灯构成。

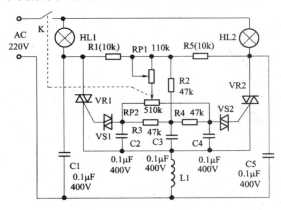

图 6-11　双调光蘑菇台灯电路

1．照明灯供电及控制电路

旋转电源开关/亮度旋钮时，开关 K 的触点接通，220V 市电电压一路通过照明灯 HL1 加到双向晶闸管 VR1 的 T1 极；另一路调光 HL2 加到双向晶闸管 VR2 的 T1 极。同时，市电电压还加到双向晶闸管的触发电路。

调整 RP2 使 RP2 处于中间位置时，RP2 为 C2、C4 充电。当 C2、C4 两端的充电电压达到双向触发二极管 VS1、VS2 的转折电压后，VS1、VS2 导通，为 VR1、VR2 的 G 极提供触发电压，使 VR1、VR2 导通，接通照明灯 EL1、HL2 的供电回路，使它们开始发光。

调整 RP2 改变 C2 的两端电压增大，C4 两端电压减小后，使 VR1 导通加强、VR2 导通减弱，致使 HL1 发光加强，HL2 发光变弱；反之，相反。这样，通过调整 RP2 就可以改变照明灯的发光亮度。

RP1 是辅助电位器，调整它可改变 VS1、VS2 的转折电压。L1、C1、C5 组成的是滤波电路。

2．常见故障检修

双蘑菇台灯电路常见故障检修方法如表 6-4 所示。

表 6-4　双蘑菇台灯电路常见故障检修

故障现象	故障原因	故障检修
两个灯都不亮	供电线路异常	通过测量插座的交流电压就可以确认
	开关 K 或电感 L1 异常	可以采用电压测量和在路测量通断的方法判断
	电位器 RP1 或 RP2 异常	通过测量电压或阻值就可以判断
一个灯不亮（如 HL1 不亮）	照明灯异常	可通过查看、代换检查的方法来确认
	单向晶闸管异常	在路测 VR1 的导通压降或测 VR1 的 G 极有无触发电压就可以确认
	触发电路异常	（1）可调电阻 RP2 开路；（2）电容 C2 漏电；（3）双向触发二极管 VS1 开路。首先，测 C2 两端电压是否正常，若正常，检测 VS1；若不正常，检查 RP2 和 C2

续表

故障现象	故障原因	故障检修
两个灯都暗	电容 C3 异常	用电容挡检测就可以确认
	R1、R2、R5 的阻值增大	测量阻值就可以确认
	电位器 RP1 或 RP2 异常	通过测量电压或阻值就可以判断
通电后灯就亮（如 HL2）	单向晶闸管击穿	VS2 击穿在路检测就可以确认

技能 4　护眼灯的拆装方法

下面以联创 3025 型护眼灯为例介绍护眼灯的拆卸方法。

1. 灯管的拆卸

第一步，将灯管的上端从卡簧内取出，如图 6-12（a）所示；第二步，用力向上拔灯管，如图 6-12（b）所示；第三步，取下灯管，如图 6-12（c）所示。

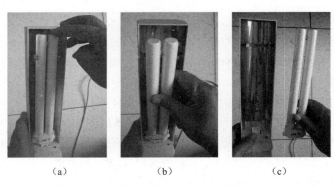

　（a）　　　　　　　　（b）　　　　　　　　（c）

图 6-12　护眼灯灯管的拆卸

2. 电路板的拆卸

第一步，用十字螺丝刀拆掉后壳上的 6 颗螺丝钉，如图 6-13（a）所示；第二步，取下后壳，拆掉电路板上的 3 颗螺丝钉，如图 6-13（b）所示；取下的电路板如图 6-13（c）所示。

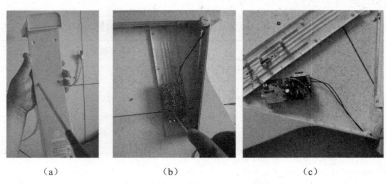

　（a）　　　　　　　　（b）　　　　　　　　（c）

图 6-13　护眼灯电路板的拆卸

任务 4　电动牙刷故障检修

电动牙刷属于清洁牙齿的工具。它较普通牙刷可以更彻底清除牙菌斑、减少牙龈炎和牙龈出血。常见的电动牙刷实物图如图 6-14 所示。

图 6-14　常见的电动牙刷实物图

技能 1　电动牙刷的构成

电动牙刷由电池、微型直流电动机、牙刷头、金属护板及套筒组成，如图 6-15 所示。

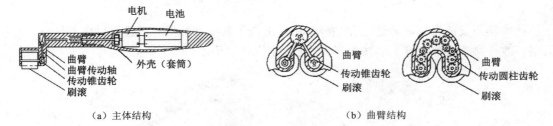

（a）主体结构　　　　　　　　　　　　（b）曲臂结构

图 6-15　典型电动牙刷的构成

技能 2　典型电动牙刷电路故障检修

下面以图 6-16 所示的充电式电动牙刷为例介绍电动牙刷电路原理与故障的检修方法。该电路主要由电动机、电动机供电电路、充电电路构成。

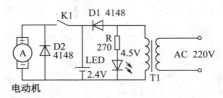

图 6-16　典型充电式电动牙刷电路

1．电动机供电电路

电动机供电电路比较简单，由 2.4V 电池、开关 K1 构成。K1 的触点接通后，电池存储的 2.4V 电压通过 K1 的触点为电动机供电，电动机旋转，通过曲臂、传动圆柱齿轮带动刷滚完成刷牙。D2 是用于保护的二极管。

2．充电电路

充电电路由整流管 D1、变压器 T1、限流电阻 R、发光管 LED 构成。

需要充电时，输入的 220V 市电电压经变压器 T1 降压，得到 4.5V 左右的交流电压。该电压一路经 R 限流为 LED1 供电使其发光，表明该牙刷处于充电状态；另一路经 D1 半波整流后得到到脉动直流电压为电池充电。

3．常见故障检修

电动牙刷常见故障检修方法如表 6-5 所示。

表 6-5　电动牙刷常见故障检修

故障现象	故障原因	故障检修
电动机不转	电池没电	用正常的电池代换检查或测量电压就可以确认
	开关 K1 开路	在路测量阻值或测量输出电压就可以确认
	电动机异常	若电动机供电正常，则说明电动机损坏
不能充电	变压器 T1	在路测量阻值或测试交流电压就可以确认
	D1 开路	导致振荡管 BG 因供电而不能工作

任务5　保健按摩器故障检修

按摩棒不仅能有效减轻运动和精神紧张所造成的疲劳和酸痛，而且可以恢复体力、舒筋活络、改善血液循环。常见的按摩器实物图如图 6-17 所示。

图 6-17　常见的按摩器实物图

技能 1　普通按摩器故障检修

下面以千越 QY150A 型滚动按摩器为例介绍普通电动按摩器故障检修方法。该电路由直流电动机 M、切换开关 K2、电源开关 K1、电位器 VR、整流管 D2～D5、双向晶闸管 TR、双向触发二极管 D1 等构成，如图 6-18 所示。

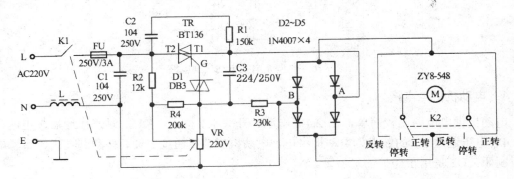

图 6-18　千越 QY150A 型滚动按摩器电路

1. 电动机供电电路

接通电源开关 K1，220V 市电电压通过熔断器 FU 输入后，经 L 和 C1 组成的高频滤波器滤除市电内的高频干扰脉冲，以免导致双向晶闸管误导通。经滤波后的市电电压一路加到双向晶闸管 TR 的 T2 极，为它供电；另一路通过 R2、R4、电位器 VR 为 C3 充电，在 C3 两端产生触发电压。该触发电压达到双向触发二极管 D1 的转折电压后 D1 导通，为 TR 的 G 极提供触发电压，使 TR 导通。TR 导通后，从 T1 极输出的电压加到 A 点，利用 D2～D5 桥式整流产生脉动直流电压，再经开关 K2 为电动机 M 供电后，M 开始旋转。

由于电动机属于感性负载，因此设置了 C2 和 R1 构成的抗干电路来保证双向晶闸管 TR 等元件正常工作。

2. 调速电路

调整电位器 VR 可改变 C3 的充电速度，也就改变了双向晶闸管 TR 的导通角大小。TR 的导通角大后，为电动机 M 提供的工作电压增大后，电动机旋转速度加快；反之，相反。

3. 转向控制电路

通过切换开关 K2 改变电动机 M 的供电极性，就可以改变 M 的旋转方向。

4. 常见故障检修

（1）电动机不运转

该故障的主要原因：① 电源开关 K1 开路；② C1 击穿或漏电异常；③ 双向晶闸管 TR 或其触发电路异常；④ 切换开关 K2 异常；⑤ 电动机 M 异常。

首先，检查熔断器 FU 是否熔断，若熔断，检查 C1 是否击穿，若击穿更换即可；若 C1 正常，检查电动机是否正常，若不正常，更换即可；若正常，更换 FU。若 FU 正常，测 K2 的输入端有无直流电压输入，若有，检查 K2 和电动机；若没有，检查 TR 及其触发电路。检查该电路时，测 TR 的 G 极有无触发电压输入，若有，检查 TR；若无，检查电位器 VR 及 D1 是否开路，若是，更换即可；若正常，检查 R2、C3 是否漏电。

（2）电动机转速过快

该故障的主要原因：① 双向晶闸管 TR 击穿；② 电容 C3 异常；③ 双向触发二极管 D1 击穿；④ 电位器 VR 异常。

晶闸管 TR、触发二极管 D1 是否正常测量在路阻值就可以确认；怀疑 C3 异常时，可在路测量容量进行确认，也可以在电路板背面相应的位置并联一只相同的电容后，若恢复正常，则说明 C3 异常。否则，检查电位器 VR。

（3）电动机转速慢

该故障的主要原因：① 市电电压低；② 双向晶闸管 TR 输出电压低；③ D2～D5 构成的整流堆异常；④ 电动机异常。

首先，检测插座的市电电压是否不足，若是，待市电恢复正常或检修插座。确认市电正常后，测电动机两端电压是否正常，若是，维修或更换电动机；若电压异常，调整电位器 VR 时测双向晶闸管 TR 输出的电压能否在 60～120V 间变化，若能，查 D2～D5 和 K2；若异常，测 TR 的 G 极输入的电压是否正常，若正常，查 TR；若不正常，查 VR、R2、C3 和 D1。

技能 2　电脑控制型按摩腰带故障检修

下面以力明 LM-339C 型多功能按摩腰带电路为例介绍电脑控制型多功能按摩腰带故障方法与技巧。该电路由电源电路、微处理器电路、振动电路构成，如图 6-19 所示。

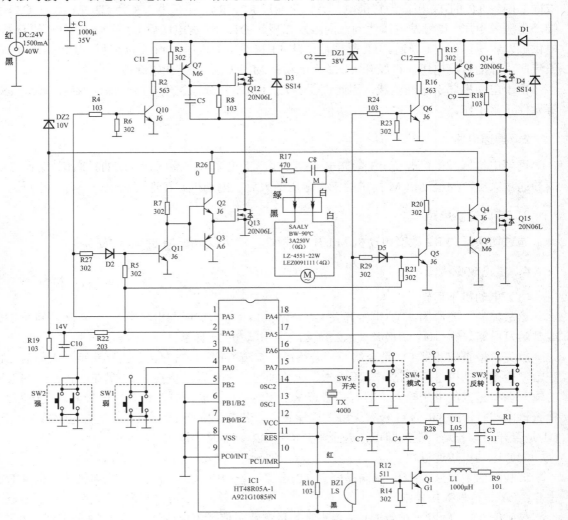

图 6-19　力明 LM-339C 型多功能按摩腰带电路

1．电源电路

将该机配带的 24V/1500mA 的电源适配器（直流稳压电源电路）插入市电插座后，由它输出的 24V 直流电压经 C1 滤波后分四路输出：第一路加到场效应管 Q12、Q14 的 D 极为它们供电；第二路经 10V 稳压管 DZ2 降为 14V，为场效应管 Q13、Q15 的驱动电路供电；第三路经 R1 限流，再经稳压器 U1 稳压产生 5V 电压，经 C4、C7 滤波后，为蜂鸣器和微处理器 IC1（HT48R05A-1）供电；第四路通过 R9 为 DC-DC 直流电源供电。

2．微处理器电路

5V 电压不仅加到微处理器 IC1 的⑫脚为它供电，而且加到 IC1 的复位端⑪脚，使它内部的复位电路输出复位信号为存储器、寄存器等电路提供复位信号，使它们复位后开始工作。

IC1 工作后，它内部的振荡器与外接的晶振 TX 产生 4MHz 的时钟信号，该信号经分频后协调各部位的工作，并作为 IC2 输出各种控制信号的基准脉冲源。

IC1 工作后，它⑦脚输出的蜂鸣器驱动信号驱动蜂鸣器 BZ1 鸣叫一声，表明 IC1 开始工作，并进入待机状态。待机期间，若按开关键 SW5 为 IC1 的⑯脚输入开机信号时，IC1 控制相关电路进入开机状态。在开机状态时按 SW5 键，IC1 会输出控制信号使该机进入待机状态。

3．DC-DC 直流电源电路

开机后，微处理器 IC1⑩脚输出的 PWM 激励信号通过 R12、R14 分压限流，使开关管 Q1 工作在开关状态。Q1 导通期间，24V 电压经 L1、Q1 的 ce 结到地构成导通回路，在 L1 两端产生左负、右正的电动势。Q1 截止期间，L1 通过自感产生左正、右负的电动势，该电动势经 D1 整流与 24V 电源叠加后，经 C2 滤波，DZ1 稳压产生 38V 直流电压。该电压为 Q7、Q8 的驱动电路供电。

4．振动电路

振动电路由振动电动机及其供电电路和机械系统构成，下面介绍电动机及其供电电路的原理。

（1）电动机正转供电

需要振动电动机正向运转时，微处理器 IC1 的①脚输出高电平信号，⑮脚输出低电平信号。①脚输出的高电平信号一路经 R4、R6 分压限流，使 Q7 导通，从 Q7 的 c 极输出电压使场效应管 Q12 导通；另一路经 R27、D2 使 Q11 导通，致使 Q3 导通、Q2 截止，也就使 Q13 截止。⑮脚输出的低电平信号一路经 R29、D5 使 Q5 导通，致使 Q4 导通、Q9 截止，Q4 导通后，从它 e 极输出电压使场效应管 Q19 导通；另一路经使 Q6 截止，相继使 Q8 和 QW14 截止。此时，C1 两端电压经 Q12、电动机、Q15 构成回路，回路中的电流使电动机正向运转。

需要振动电动机反向运转时，微处理器 IC1 的①脚输出低电平信号，⑮脚输出高电平信号。⑮脚输出的高电平信号使 Q14 导通、Q15 截止；①脚输出的低电平信号使 Q12 截止、Q15 导通，电动机获得反向供电，电动机反向旋转。

（2）调速

转速调整电路由微处理器 IC1 的②脚内外电路构成。需要增大转速时，IC1 的②脚输出的电压增大，经 R5、R21 使 Q11、Q5 导通加强，致使 Q3、Q9 导通加强，导致流过电动机绕组的电流增大，使电动机正转或反转的转速增大。反之，若 IC1 的②脚电压减小时，Q3、Q9 导通程度下降，流过电动机绕组的电流减小，转速下降。电动机转速增大时，振动感加强，反之减弱。

调整加速、减速键可使 IC1②脚电压在 0.4～2.8V 之间变化。

5．过热保护电路

过热保护电路是通过安装在电动机表面上的热熔断器构成。当电动机运转异常，导致电动机表面的温度达到 90℃时热熔断器熔断，切断电动机供电线路，电动机停止工作，以免故障扩大，实现过热保护。

6．常见故障检修

（1）整机不工作

该故障的主要原因：① 没有 24V 电源输入；② 5V 电源异常；③ 微处理器电路异常。

首先，测电源适配器有无 24V 电压输出，若没有，检修电源适配器；若有 24V 输出，而接入按摩腰带后无输出，说明电动机的供电电路异常。此时，应检查场效应管 Q13、Q14 及其驱动电路是否正常。若按摩腰带电路有 24V 电压输入，测滤波电容 C7 两端有无 5V 电压，若没有，检查稳压器 U1 的输入端供电是否正常，若不正常，检查限流电阻 R1；若正常，检查 U1。若 C7 两端 5V 电压正常，检查按键 SW1～SW5、晶振 TX 是否正常，若不正常，更换即可；若正常，检查 IC1。

（2）按 SW2～SW5，电动机都不运转，但蜂鸣器鸣叫

该故障的主要原因：① 38V 电源异常；② 电动机异常；③ 微处理器 IC1 异常。

首先，测电动机的供电端子有无电压输入，若有，检查热熔断器是否开路，若开路，还需要检查过热的原因；若热熔断器正常，检修或更换电动机；若电动机无供电，说明电源电路或微处理器电路异常。测 DZ1 两端有无 38V 电压，若没有，说明 38V 电源异常；若有，说明微处理器 IC1 异常。确认 38V 电源异常后，若 DZ1 两端电压约为 24V，说明 38V 电源未工作，此时，测 IC1⑩脚有无激励信号输出，若没有，检查 IC1；若有，检查 VQ1、R12、L1。若 DZ1 两端电压为 0，检查 R9 是否开路，若开路，检查 Q1、DZ1、C2 是否击穿即可；若 R9 正常，检查 L1 和线路。

（3）电动机能正转，但不能反转

该故障的主要原因：① 反转键 SW3 异常；② Q13、Q14 构成供电电路异常；③ 微处理器 IC1 异常。

首先，按反转键 SW3 时，测微处理器 IC1 的⑱脚电位能否变为低电平，若不能，检查 SW3 和线路即可；若可以为低电平，测 IC1 的①、⑮脚输出电压是否正常，若不正常，检查 IC1；若正常，检查 Q13、Q14 组成的供电电路即可。

【提示】电动机可以反转，但不能正转的检修方法相同，仅元器件不同。

任务6　电动足浴盆故障检修

电动足浴盆是用于足部冲洗、按摩的小家电。常见的电动足浴盆实物图如图 6-20 所示。

图 6-20　常见的电动足浴盆实物图

技能 1　电动足浴盆的构成

电动足浴盆由提手挡板、置药盒、电动滚轮、红外光照射、指示灯、冲浪孔、针刺按摩等组成，如图 6-21 所示。

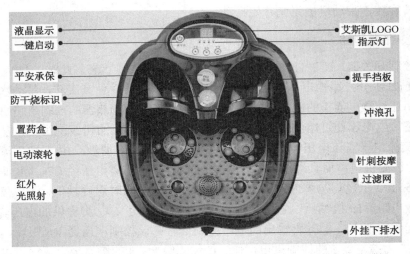

图 6-21　典型电动足浴盆的构成

技能 2　典型电动足浴盆故障检修

下面一以兄弟牌 WL-572 型多功能足浴盆为例进行介绍。该电路由电源电路、控制电路、加热电路、振动电路、冲浪电路等构成，如图 6-22 所示。

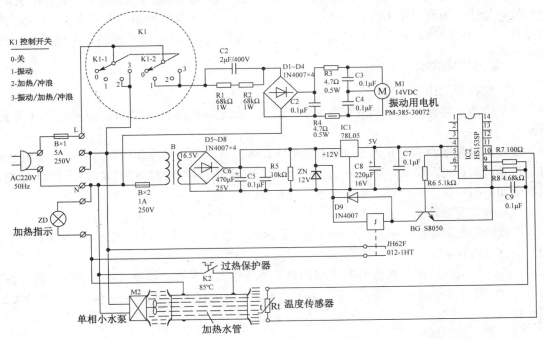

图 6-22　兄弟牌 WL-572 型多功能足浴盆电路

1．振动电路

当功能控制开关 K1 接 1 的位置时，该机进入振荡状态。此时，220V 市电电压通过 K1 的触点 K1-2 输入到振动电路，利用 C1、R1、R2 降压后，再通过 D1～D4 构成的整流堆进行整流，经 C2 滤波产生 14V 左右的直流电压，通过 R3、R4 限流，C3、C4 滤波后为振动电机供电，使其旋转，带动机械系统开始振动。

2. 冲浪、加热电路

当功能控制开关 K1 接 2 的位置时，该机进入冲浪、加热状态。此时，220V 市电电压通过 K1 的触点 K1-1 分三路输出：一路为冲浪水泵的电机供电，使其旋转，带动水泵实现冲浪功能；第二路通过继电器 J 的触点为加热器供电；第三路为加热器的控制电路供电。进入加热器控制电路市电电压通过熔丝管 BX2 输入到电源变压器 B 的初级绕组上，从它的次级绕组输出 12V 交流电压。该电压经 D5～D8 桥式整流，C6、C5 滤波产生 12V 直流电压，不仅为继电器 J 的线圈供电，而且通过 IC1 稳压输出 5V 电压。5V 电压经 C7、C8 滤波后加到芯片 IC2（HS1553P）的④、⑦脚为它供电；水盆内的水未加热时温度较低，当温度传感器（负温度系数热敏电阻）Rt 检测后，它的阻值较大，为 IC2 的⑧、⑨脚提供的电压较大，经 IC2 内部电路处理后，使 IC2 的⑤脚输出高电平控制信号。该控制电压经 R6 限流，再经放大管 BG 倒相放大，为继电器 J 的线圈供电，使它的触点吸合。J 的触点吸合后，市电电压不仅为加热指示灯 ZD 供电，使它发光，表明该机工作在加热状态，而且为加热器供电，使它为盆内的水加热，使水温逐渐升高。当水温达到 42℃时，Rt 的阻值减小到设置值，使 IC2 的⑧、⑨脚输入的电压减小到设置值，被 IC2 内部电路处理后使⑤脚输出低电平控制信号，BG 截止，继电器 J 的触点释放，加热器停止加热。

K2 是过热保护器，它是双金属片型保护器。当水温在正常温度范围内时，K2 不动作，它的触点接通。当继电器 J 的触点粘连、BG 的 ce 结击穿或 IC2 异常等原因导致加热器加热温度升高，当温度达到 85℃时，K2 的触点断开，切断了加热器的供电回路，实现过热保护。

3. 常见故障检修

（1）整机不工作

该故障的主要原因：一是没有市电电压输入，二是熔断器 BX1 熔断，三是控制开关 K1 异常。

首先，检查电源插座有无 220V 市电电压，若没有，检查插座和线路；若有，说明足浴盆电路异常。首先，检查熔断器 BX1 是否熔断，若不是，检查控制开关 K1；若 BX1 熔断，应检查加热指示灯、加热器、水泵电机是否正常。

（2）没有振动功能，其他正常

该故障的主要原因：一是控制开关 K1 异常，二是 C4 容量不足，三是 R1 或 R2 阻值增大，四是电机异常。

首先，测电机的供电端有 14V 左右的直流电压输入，若有，检修或更换电机；若没有，测 D1～D4 输入的交流电压是否正常；若不正常，检查 K1、C1、R1、R2；若正常，检查 C2、D1～D4。

（3）无冲浪功能

该故障的主要原因：一是水泵电机的供电线路异常，二是水泵电机异常，三是水泵的扇叶被异物缠住。

首先，测水泵电机有无市电电压输入，若没有，查供电线路；若有，检查水泵的扇叶是否被异物缠住，若是，清理异物；若正常，检修或更换水泵电机。

（4）不能加热

该故障的主要原因：一是电源电路异常，二是加热器异常，三是加热器供电电路异常，四是温度检测电路异常。

首先，查看加热指示灯 ZD 是否发光，若是，检查加热器及其供电线路；若不是，说明供电电路异常。首先，测 IC2 的④脚有无供电，若没有，说明电源电路异常；若有，说明控制电路异常。

确认电源电路异常后，首先，检查熔断器 BX2 是否熔断，若熔断，检查变压器 B 是否短路，整流管 D5～D8、稳压管 ZN 是否击穿，C5、C6 是否漏电；若 BX2 正常，测 C6 两端电压是否正常，若正常，检查三端稳压器 IC1 和 C8；若 C6 两端电压无电压，检查变压器 B；若电压低，检查 D5～D8 是否导通电阻大，C6 和 IC1 是否漏电。

确认控制电路异常后，测 IC2 的⑤脚能否输出高电平电压，若能，检查放大管 BG 和继电器 J；若不能，检查温度传感器 Rt 和芯片 IC2。

【提示】如果加热器间歇加热，还应检查冲浪系统是否正常。

思考题

1. 电吹风由哪些元器件构成？充电电路是如何工作的？其常见故障是如何检修的？

2. 剃须刀由哪几部分构成？飞科 FS-901 型充电型剃须刀是如何工作的？其常见故障如何检修？

3. 护眼灯/台灯由哪几部分构成？佳生 CCFL 和盈科 MT-627 型护眼台灯是如何工作的？其常见故障如何检修？双调光蘑菇台灯电路是如何工作的？其常见故障如何检修？

4. 电动牙刷由哪些部件构成？电动牙刷的电动机是如何工作的？电池是如何充电的？其常见故障如何检修？

5. 普通按摩器是如何工作的？电脑控制型按摩腰带是如何工作的？其常见故障如何检修？

环境净化类小家电故障检修

电子控制型电热、电动类小家电不仅使用了加热器、电动机，而且控制电路采用电子电路构成。常见的电子控制型电热、电动类小家电有加湿器、电热水瓶、洗碗机等。

任务 1　加湿器故障检修

加湿器也称为空气加湿器，它的功能就是为空气增加湿度。常见的加湿器实物图如图 7-1 所示。

技能 1　超声波加湿器的构成

加湿器由水箱、水箱提手、出雾口（喷嘴）、底盖、电路板、出水盖等构成，如图 7-2 所示。

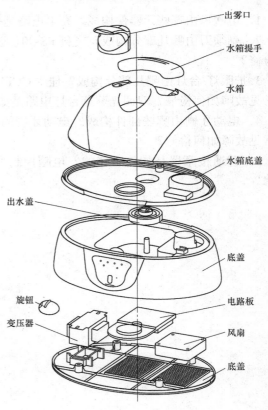

出雾口
水箱提手
水箱
水箱底盖
出水盖
底盖
旋钮
变压器
电路板
风扇
底盖

图 7-1　常见的加湿器实物图　　　　　图 7-2　超声波加湿器的构成

技能 2　超声波加湿器的基本工作原理

超声波加湿器的加湿原理如图 7-3 所示。超声波加湿器工作时，控制阀将水箱内的水通过净水器净化后，注入雾化池。换能器将高频电能转换为机械振动，把雾化池内的水处理为超微粒子的雾气，雾气在风机（风扇）产生的气流推动下喷出到室内，使室内的空气的湿度加大，完成加湿的任务。

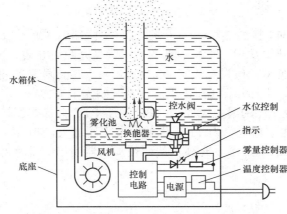

图 7-3　超声波加湿器的加湿原理示意图

技能 3　典型加湿器故障检修

下面以图 7-4 所示的超声波加湿器电路为例介绍加湿器故障检修方法。该电路由电源电路、喷雾电路、加热电路和保护电路构成。

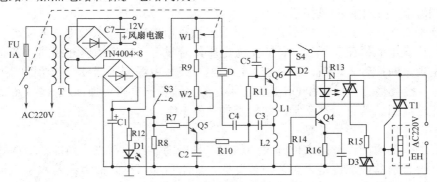

图 7-4　典型超声波加湿器电路

1．电源电路

旋转电位器 W1 使它的触点接通，220V 市电电压通过熔丝管 FU 输入后，第一路为加热器电路供电；第二路通过变压器 T 降压输出 72V、12V 两种交流电压。其中，72V 交流电压经桥式整流器整流，C1 滤波后产生 72V 左右直流电压，不仅为换能器 D 和振荡管 Q6 供电，而且通过 R12 限流使指示灯 D1 发光，表明电源电路已工作；12V 交流电压经桥式整流堆整流，再经 C7 滤波后，为直流风扇电机供电。

2．喷雾电路

当电位器 W1 的开关触点接通，并且容器内的水位正常时，C1 两端的电压通过 S3、R7

使 Q5 导通，由 Q5 的 e 极输出的电压经 R10、R11 加到振荡管 Q6 的 b 极，使 Q6 在 L1、L2、C3 等组成的电感三点式振荡器起振，产生的脉冲电压使换能片 D 产生高频振动，最终将水盒内的水雾化，被风扇吹入室内，使室内空气的湿度加大。

调节电位器 W1 可改变振荡管 Q6 的 b 极电流，也就可以改变振荡器输入信号的放大倍数，控制了换能器 D 的振荡幅度，实现加湿强弱的控制。W2 是可调电阻，用于设置最大雾量和整机功率的。

3. 加热电路

需要使用热雾加湿时，接通热雾/冷雾开关 S4，C1 两端电压通过 R13 为光电耦合器 N 内的发光管供电，发光管开始发光，使 N 内部的光敏管受光照后导通。光敏管导通后，它输出的电压通过 R15 限流，使双向触发二极管 D3 导通，为双向晶闸管 T1 的 G 极提供触发信号，使 T1 导通。T1 导通后，为加热器 EH 供电，使其开始为水雾加热。

T1 的导通程度还受 EH 的漏电流控制。EH 属于 PTC 型加热器，当排气管排出的水雾量大时，EH 的漏电流也会增大，为 T1 提供的触发电压增大，T1 导通加强，为 EH 提供的工作电压增大，使 EH 的加热温度升高，从而使加热器喷出的水雾温度升高。反之，控制过程相反。

4. 无水保护

无水保护是由水位开关 S3 完成。加水后，水位开关 S3 的触点接通，振荡器、加热器可以工作；若水位过低，S3 的触点断开，不仅使 Q5 截止，致使振荡器、换能器停止工作，而且使 Q4 截止，使加热器停止工作，避免了换能器、加热器等元件损坏，实现无水保护。

5. 常见故障检修

（1）加湿器不工作，并且指示灯不亮

加湿器不工作，并且指示灯不亮，说明该机没有市电输入或电源电路未工作。

首先，检查电源插座有无 220V 的交流电压，若没有，检查插座和线路；若有，检查熔丝管 FU 是否熔断；若未熔断，检查加湿器的电源线和电源变压器 T；若熔断，说明有元件过流。此时，检查整流二极管和 Q6 是否正常，若整流管击穿，更换即可；若 Q6 击穿，还应该检查损坏的原因。若它们都正常，则检查加热器 EH。

（2）不能雾化，但指示灯亮

该故障的主要原因：一是水位开关动作；二是振荡器异常；三是换能器 HD 异常。

首先，检查水盒内水位是否正常，若过低，加水后即可排除故障；若水位正常，说明发生故障。此时，按下开关 S4，检查加热器能否加热，若不能，则检查水位探头及其连线；若能加热，说明雾化电路异常。测振荡管 Q6 的 b 极有无电压，若有电压，检查 Q6、C3、换能器 D；若没有电压，测 Q5 的 c 极有无电压，若没有，检查 W1、W2、Q5；若 Q5 的 c 极电压正常，则检查 Q5、R10、C3、Q6。

【提示】W1、W2、Q5、R10、C3、Q6 异常时，还会产生雾化量小的故障。

（3）水能雾化，但不能喷出

该故障的主要原因：一是风扇电机未转；二是定时器异常；三是喷嘴堵塞。

首先，检查喷嘴是否堵塞，若堵塞，清理即可；若喷嘴正常，检查电机有无供电，若有，检查电机；若没有，检查 12V 供电电路。

（4）能喷出冷雾，不能喷出热雾

该故障的原因：一是开关 S4 异常；二是加热器 EH 异常；三是双向晶闸管 T1 等构成的供电电路异常。

首先，测加热器 EH 两端的供电是否正常，若是，检查 EH；若不是，测 T1 有无触发电压输入，若有，查 T1；若没有，检查 Q4、R13 和光电耦合器 N。

任务 2 空气净化器故障检修

空气净化器又称为"空气清洁器"、空气清新机、净化器，是指能够吸附、分解或转化各种空气污染物（一般包括细菌、过敏原、PM2.5、粉尘、花粉、异味、甲醛之类的装修污染等），有效提高空气清洁度的电子产品，不仅广泛应用在家用内，还广泛应用在医院、写字楼、金融、宾馆等单位。

空气净化器采用多种不同的技术和材料，使它能够向用户提供清洁和安全的空气。常用的空气净化技术有吸附技术、负（正）离子技术、催化技术、光触媒技术、超结构光矿化技术、HEPA 高效过滤技术、静电集尘技术等；材料（器件）主要有负离子发生器、光触媒、活性炭、合成纤维、HEAP 高效材料等。目前的空气净化器多采用复合型，即同时采用了多种净化技术和材料。常见的空气净化器实物图如图 7-5 所示。

图 7-5 常见的空气净化器实物图

技能 1 空气净化器的构成

1. 负离子、HEPA 型空气净化器的构成

负离子、HEPA 型空气净化器的构成如图 7-6 所示。

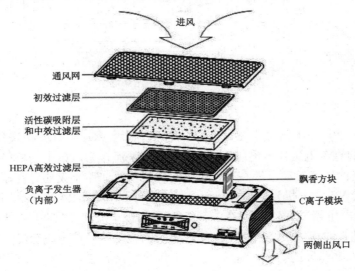

图 7-6 负离子、HEPA 型空气净化器的构成

2．紫外灯、HEPA 型空气净化器的构成

紫外灯、HEPA 型空气净化器的构成如图 7-7 所示。

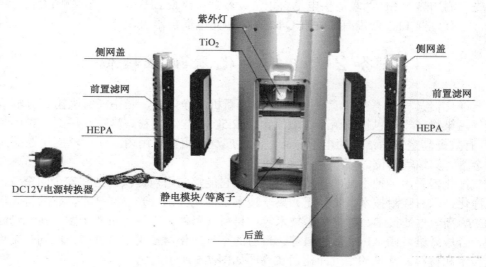

图 7-7　紫外灯、HEPA 型空气净化器的构成

技能 2　典型空气净化器故障检修

下面以 DF-3 空气净化器为例介绍其电路原理与故障检修方法。该电路由电源电路、高压发生器构成，如图 7-8 所示。

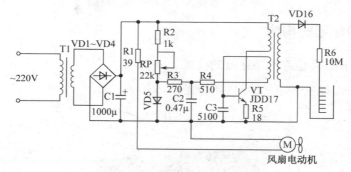

图 7-8　DF-3 型空气净化器电路

1．电路分析

接通电源后，220V 市电电压经变压器 T1 降压，利用 VD1～VD4 桥式整流，由 C1 滤波后产生 35V 左右的直流电压。该电压第一路通过 R1 限流，为风扇电动机供电，使其运转，以便实现室内空气的快速流动，提高净化空气的效果；第二路不仅通过高压变压器 T2 的初级绕组加到开关管 VT 的 c 极为它供电，而且经 R2、RP、R3、R4 和 T2 的正反馈绕组对 C3 充电。当 C3 两端电压超过 0.6V 后 VT 导通，它的 c 极电流使 T2 的初级绕组产生上正、下负的电动势，于是它的正反馈绕组产生上正、下负的电动势。该电动势经 VT 的 be 结、R5、C2、R4 使 VT 进入饱和导通状态，随后，使 VT 进入振荡状态。在 VT 导通期间，T2 存储能量；在 VT 截止期间，T2 释放能量。此时，T2 次级绕组输出高压脉冲电压经 VD16 整流，

R6 限流，为臭氧放电电极提供负高压，使它吸收了空气中的正离子，从而分离出大量的负离子，被风扇吹出，达到净化室内空气的目的。

调整 RP 可以调整输入到开关管 VT 的 b 极电压，也就可以改变振荡器输入信号的放大倍数，控制了高压变压器 T2 输出电压的幅度，也就实现了放电强弱的控制。

2. 常见故障检修

（1）不能臭氧消毒

该故障的主要原因：一是电源电路异常，二是振荡器异常，三是高压变压器异常，四是臭氧放电电极异常。

首先，测 C1 两端的直流电压是否正常，若不正常，测 T1 输出的交流电压是否正常，若正常，检查 C1 和整流管 VD1～VD4；若不正常，检查 T1。若 C1 两端电压正常，测 VT 的 b 极有无电压输入，若没有，检查 RP、R2～R4 是否开路，C3、C2 及 VT 的 be 结是否漏电；若 VT 的 b 极有导通电压，检查 VD16、C3、R5、VT 是否正常，若不正常，更换即可；若正常，检查 T2。

（2）净化器吹出的风较弱

该故障的主要原因：一是空气过滤系统异常，二是风扇电动机异常。

首先，检查空气过滤系统是否正常，若不正常，清洗、维修即可；若空气过滤系统正常，检查风扇电动机运转是否正常，若不正常，测电动机供电是否正常，若正常，维修或更换电动机即可；若供电异常，检查 R1 和供电线路。

 思考题

1. 超声波加湿器由哪些元器件构成？超声波加湿器的基本原理是什么？加湿器是如何喷雾的？是如何实现无水保护的？其常见故障是如何检修的？

2. 空气净化器由哪几部分构成？DF-3 空气净化器是如何工作的？其常见故障如何检修？